JN440941

칼을 가는데 집중하라

전투전문가의 핵심역량

문원식 장군과 문수빈 중위

DY 도서출판 대영문화사

들어가며

평생을 함께한 군과 군 장병에게 바친다.
군 복무의 방향타가 되어 주신 부모님과
전(前) 한미연합사 부사령관 한철수 장군님께
깊은 감사의 말씀을 드린다.

『칼을 가는 데 집중하라』는 '전투전문가'로서 군인은 국민의 생명과 재산을 보호하기 위해 전투를 수행할 수 있도록 훈련하고, 전시에는 전투에 직접적으로 종사해 승리해야 하는, 오직 임무와 역할의 본질에 충실해야 한다는 것이다.

'전투전문가'란 전투를 수행하는 데 필요한 지식, 기술, 태도를 갖추고, 이를 전장에서 적절하게 활용해 전투를 승리로 이끄는 사람으로서 실전적 훈련만이 '전투전문가'를 만들어 낼 수 있다.

'전투전문가'는 이론적 전술지식(원리 · 원칙 등을 아는 자체)은 물론이고, 경험적 전술지식(행동할 수 있는 능력)을 갖춰야 한다. 이론적 전술지식은 대부분의 군인이 동일한 교육훈련과정을 거치면서 편차가 크게 발생하지 않지만, 직접 또는 간접적인 전투(훈련)경험에 의해 체질화되는 경험적 전술지식은 개인별 · 부대별로 편차가 매우 심하다. 풍부한 경험적 전술지식은 '전투전문가'의 필요조건이며, 전투수행능력의 가늠자가 된다. '전투이론에 대한 지식이 풍부하고 전투행동력이 최고'인 '전투전문가'가 되기 위해서는 특별한 노력이 필요하다.

필자는 30여 회의 실전과 거의 같은 KCTC전투를 통해 실전적 훈련의 중요성과 경험적 전술지식, 즉 핵심역량을 갖춘 '전투전문가'의 필요성을 실감했다. 전투력의 격차는 모든 군인에게 공통으로 제공되는 이론적 전술지식보다는 개인이나 조직의 노력으로 습득되는 경험적 전술지식의 차이에서 발생한다는 것이 분명했다. 이론적 전술지식이 풍부하다고 해도 실전적으로 훈련하지 않은, 경험적 전술지식이 부족한 부대는 상대보다 첨단 무기체계, 더 많은 병력으로 싸우면서도 전투력을 제대로 발휘하지 못한다. 무기체계를 효율적으로 운용하는 능력, 적을 압도하는 전투수행능력은 이론적 전술지식을 기반으로 경험적 전술지식의 축적에 의해 향상되며 비로소 전투력 발휘가 가능하다.

전투력 발휘를 극대화하기 위해서는 유형전투력의 보강도 중요하지만, 실전적 훈련 없이는 불가능하다. 실전적 훈련은 성능을 무한정 확대할 수 없는 유형전투력과 달리 수준 향상에 제한이 없어 효율성이 매우 높다.

전투력은 유형적 요소와 무형적 요소의 곱하기 개념으로 훈련수준에 따라 '0'일 수도 있고 '100'일 수도 있다. 즉, '전투력=유형전투력×무형전투력'으로 아무리 무기체계가 우수하다고 해도 실전적 훈련을 통해 전장에서 효율적으로 운용할 능력을 갖추지 못한다면 의미가 없다.

『칼을 가는 데 집중하라』는 칼집 치장이 아니라 전투력 구성요소(유형의 병력, 무기·장비·물자, 부대조직, 무형의 군기, 사기·정신무장·교육훈련·리더십 등)의 효율적 운용과 이를 근원으로 해 전투수행기능과 전투력 발휘요소(리더십, 전장지식 등)를 통해 전투력을 최대로 발휘하기 위한 노력의 집중, 즉 '전투전문가'로서 핵심에 집중해 진정한 실력을 쌓고, 전투에서 승리하는 방법에 관한 것이다.

이 책은 모든 군인이 칼을 가는 데 집중해 핵심역량을 갖추고, '전투전문가'가 되기를 기대하면서 쓴 것으로 필자의 야전과 학교, KCTC와 BCTP 등 군 복무에서 쌓은 경험을 기반으로 했다. 이는 전장과 교육훈련에 대한 깊은 통찰과 교훈을 공유하고자 하는 노력의 산물로서, 특히 초급간부와 지휘관(자), 그리고 미래의 군인에게 '이겨놓고 싸우는' 현실적인 전투행동의 간접체험을 목적으로 한다.

이 책에서 다루고 있는 내용의 상당부분은 실전과 거의 같은 KCTC전투경험에 기초했으며, 실제 전투를 할 수 없는 현실에서 데이터에 기초한 객관적인 전투결과에 의한 교훈을 담고 있다.

대부분의 전쟁사 · 전쟁이론 · 군사전략 · 작전술 등 군사서적과 야전교범 · 교육회장 · 교육참고 등의 교리문헌은 전쟁의 본질, 원인 등 큰 틀에서 종합적인 접근, 또는 기본적인 원리와 원칙, 표준화된 행동지침만을 제시하고 있다. 이들 군사서적과 교리문헌은 이론적 전술지식 함양에는 유용하나, 전장에서 상황에 따라 무엇을 어떻게 해야 하는지에 대한 전투행동과 관련된 경험적 전술지식을 습득하기에는 부족하다. 물론, 전장에서 발생할 수 있는 모든 상황을 상정해 상황별 행동을 제시할 수 없다는 것과 이를 응용해 행동하는 것은 우리의 몫이라는 것도 이해는 된다. 의도한 대로 이론적 전술지식에 기초해 스스로 창의적으로 전투를 수행할 수 있다면 더없이 좋겠지만, 기대와는 달리 유효성 여부에 관계없이 '하던 대로'에 의존하는 현실이다. 따라서 탁상에서가 아닌, 마찰과 불확실의 전장에서 부대와 전투원이 즉각 행동으로 옮길 수 있는 현실적인 내용을 제공할 필요가 있다. 이는 그들이 필요로 하고 알고 싶어하는, 전장에서 요구되는 전투행동이 무엇인지를 식별하게 하고 실전적 교육훈련과 전장의 창의성 발휘에도 기여할 것이다.

이 책은 전장실상, 전투준비, 전투행동 등을 포괄적으로 다루어 군인들에게 전투적인 사고와 행동, 교육훈련, 리더십, 의사소통, 팀 협력, 전투발전 소요 등 전투전문가에게 필요한 경험과 지혜를 공유할 것이다. 비단, 군인뿐만 아니라 예비군인, 예비역, 전투에 관심이 있는 일반인까지 폭넓은 독자층에서 유용할 것이다.

북한의 위협 수위가 날로 높아지고 있는 상황에서, 북한은 특히 2023년 헤즈볼라의 이스라엘 기습공격, 2024년 이란의 이스라엘 보복공습 등 분석을 통해 모방·답습할 수 있다는 우려가 크다. 북한은 도시지역에 다량의 미사일과 드론 공격, 국제사회의 반응을 세밀하게 들여다보고 있을 것이다. 한반도에서 전쟁은 없어야 하지만 형세로 보아 매우 불안정하다. 복잡한 국제정세를 기회로 북한의 도발 가능성은 어느 때보다 위급한 상황이다. 어떻게든 트집을 잡아 도발의 명분으로 삼을 수도 있다. 다양한 시나리오로 대비하지 않으면 안 된다. 바라건대, 당장이라도 전장에 나가 싸워야 할 군인들이 경험적 전술지식을 체득하고, '전투전문가'가 되기를 기대한다.

이 책의 내용은 군사서적이나 교리문헌에서 다룬 사항은 가능한 지양하고, 행동에 주안을 두어 직관적으로 표현하고 필요한 부분에서는 사례를 활용했다. 구성은 PART 1에서 전장실상과 전장인식, PART 2에서 전투준비와 전투행동, PART 3에서 실전적 교육훈련과 여건조성으로 하였다. PART 4에서는 훈련과 전투를 주도하는 지휘관(자)의 전·평시 역할과 전투력 발휘의 핵심인 초급간부가 갖춰야 할 능력을 제시했다. PART 5와 PART 6에서는 군인은 물론이고, 일반인에게까지 관심이 많은 KCTC전투와 BCTP훈련의 교훈을 담았다.

내용 일부는 필자의 박사학위 논문인 "과학화전투훈련의 전투력 발휘 영향요인 연구"에서 인용했으며, 용어의 정의나 개념은 교리문헌을 참조했음을 밝혀둔다.

책의 출간에 적극적으로 애써주신 도서출판 대영문화사에 감사를 드린다.

2024년 7월

문원식 장군과 문수빈 중위가 함께 씀

나는 전투전문가인가

두 가지 질문으로 시작한다. 첫 번째 질문은 “나는 전투전문가인가?”다. 이 질문에 명쾌하게 “예”라고 답할 수 있는가? 주저한다면 어떤 이유일까? 양성교육과 보수교육 등의 학교교육과 야전의 부대훈련 등 많은 교육훈련을 했지만, 여전히 대답은 명쾌하지 못하다. 원리 · 원칙 등을 아는 것에는 자신 있다고 해도, 전장에서 행동하는 문제에서는 대부분 머뭇거리게 될 것이다.

두 번째 질문은 전투전문가로서 “나는 칼집 치장에 관심을 두지 않고, 칼을 가는 데 집중하고 있는가?”다. 이 질문 또한 “예”라는 답이 쉽지 않다. 군인으로서 오직 전투만을 생각하고, 이기기 위한 방법과 훈련에 집중하는 것은 당연하다. 본질에 충실하지 못하고 외형이나 껍데기 치장에 관심을 두고 있는 것은 아닌지 돌아볼 필요가 있다.

질문을 확장해 국민은 우리 군을 강한 군대라고 해 전쟁은 없을 것이라 믿고 있는데, “우리는 전쟁을 억제할 만큼 강한 군대인가?” 국민은 전쟁이 있더라도 우리 군이 압도적 우위로 이길 것이라 믿는다. “우리는 적을 압도적으로 이길 수 있는가?” 국민은 푸른 견장을 착용한 군인을 지휘관(자)이라 하는데, “나는 지휘관(자)인가?”에 대해 어떻게 답할 수 있는지도 생각해 보자.

차례

PART 04 전·평시 지휘관(자) 역할과 초급간부 능력

PART 06 BCTP훈련과 교훈

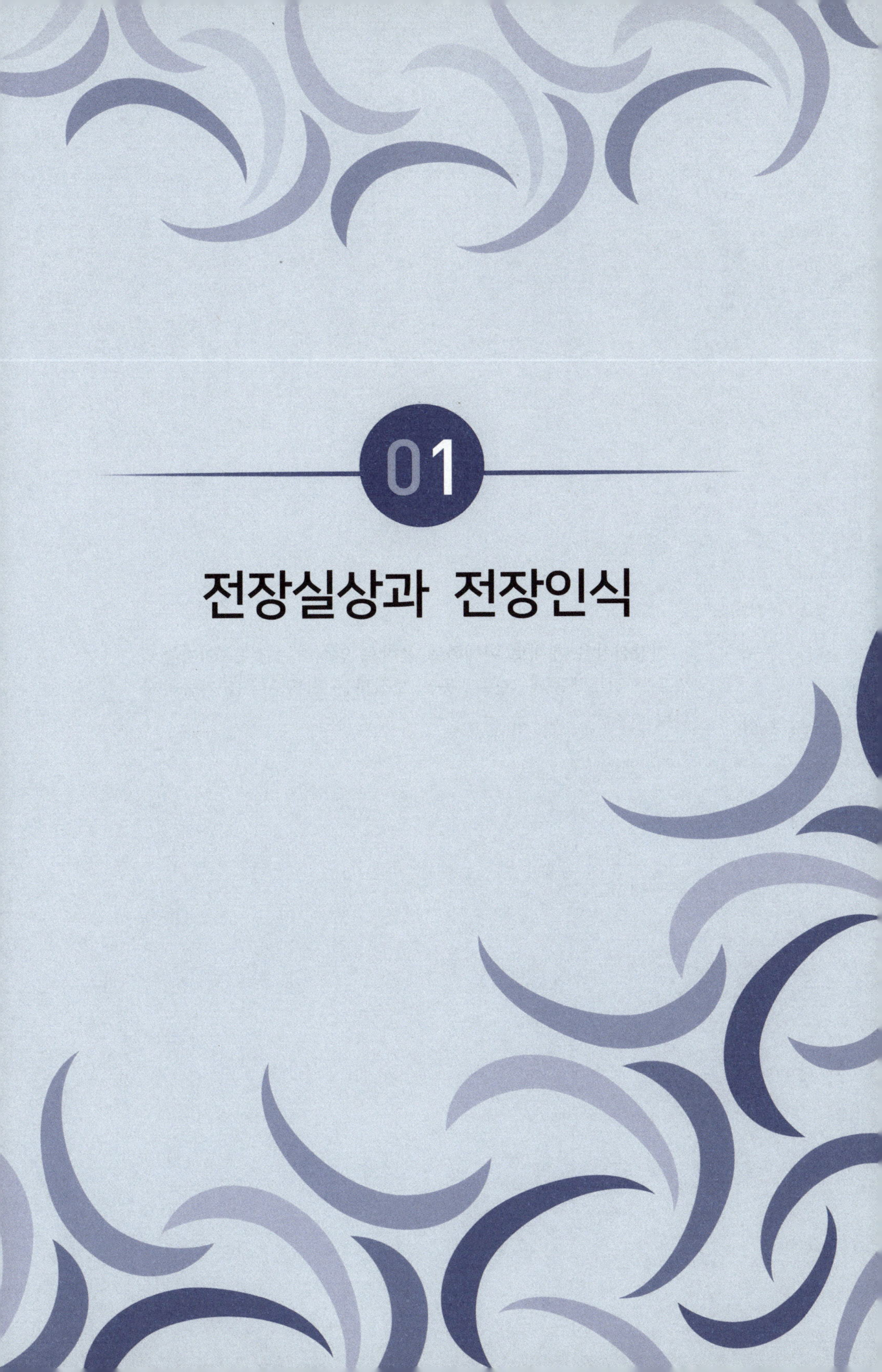

01

전장실상과 전장인식

전장실상을 제대로 이해하고 올바로 인식하는 것은 '이겨놓고 싸우는 전투행동'과 '전투행동을 보장하는 전투준비'를 가능하게 한다.

1-1

전장실상

전장실상을 핵심단어로 표현하면 고통과 공포, 극한의 환경, 예측이 어려운 상황, 부족함, 한계라고 할 수 있다.

전장은 극도의 긴장상태에서 고통과 공포, 적 위협, 피아 혼재, 악조건의 지형과 기상, 유효하지 않는 계획, 무기의 사용, 인간적인 상호작용, 피해와 손실, 물자 및 탄약 부족 등 다양한 현상이 나타나는 곳이다.

전장실상을 제대로 이해하는 것은 전장을 올바로 인식하게 하고, 전장의 요구를 정확하게 도출해 무엇을 준비하고 어떻게 행동해야 하는지를 알게 한다. 이는 이론적 전술지식만으로는 충족할 수 없으며 경험적 전술지식을 기반으로 한다.

학교교육이나 부대훈련에서는 전장실상을 그대로 조성하는 데 어려움이 있지만, 전장실상이 반영되지 않은 환경에서의 교육훈련은 실전에서 전투력 발휘를 제한한다는 것을 인식하고, 실전적 훈련을 통해 경험적 전술지식을 함양해야 한다.

고통과 공포가 난무한다.

전장은 고통과 공포가 지속적으로 밀려오는 현장으로 군인들은 전투에서 다양한 위험과 어려움에 직면하면서 몸과 마음은 심각한 고통과 공포에 휩싸인다.

육체적 고통은 전장에서 가장 흔한 부상에 의한 통증과 출혈 등에서, 정신적 고통은 예상치 못한 상황, 적의 공격, 전장의 불안정성에 의한 악몽, 과민반응 등 스트레스 등에서, 그리고 정서적 고통은 친구와 가족을 잃는 것과 같은 상실감, 슬픔, 절망, 완전히 혼자라는 고립감과 같은 것들에서 기인한다. 특히, 고립감은 사격하는 소리 외에 인접 전우를 볼 수도 없고, 그의 소리를 들을 수도 없을 때 나타나며, 주변에 많은 전우가 있다거나 상호 지원이 가능하다는 인식이 있을 때 부분적으로 해소된다. 전쟁에서 생존한 많은 사람이 전쟁 이후까지 평생 고통과 공포를 경험하게 되는 만큼 전장에서의 고통과 공포는 생각보다 영향이 크고 지속된다.

공포는 예상치 못한 위험에 대한 두려움으로 나타난다. 생사가 걸린 전장에서 총격이나 폭발 소리, 부상한 동료들의 비명 등은 전투원에게 심한 공포와 불안을 유발한다. 이는 인간의 자연적인 반응으로 생존을 위한 상태나 요소지만, 지나친 공포는 전투의지를 마비시키고 합리적인 의사결정을 어렵게 한다. 공포는 전투의지가 마비된 채 우두커니 있거나 서로를 쳐다볼 뿐 아무것도 할 수 없게 만든다.

고통과 공포는 또한 장기간의 연속된 전투에서 추위와 무더위,

젖은 피복, 지속 목격되는 전우의 희생, 수면 부족과 굶주림 등에 노출되면서도 나타난다. 고통과 공포는 사기[1]와 직결되는 문제로 전투의지를 상실하게 한다.

전장에서의 고통과 공포는 전투원이 직면하는 현실로 완전하게 제거할 수는 없지만, 이를 극복하기 위해서는 평시 전투현장응급처치(Tactical Combat Casualty Care: TCCC)능력 구비, 전우애 함양, 강한 정신력 배양, 고통과 공포를 경험할 수 있는 실전적 훈련이 최선의 방법이다. 또한 전장에서 전우조 편성, 지휘관(자)의 솔선수범, 충분한 지원을 통해 부하에게 자신감과 용기를 줌으로써 부분적인 통제가 가능하다.

적과 싸우기 전 악조건 지형과 기상에 봉착한다.

험한 지형, 악 기상, 제한된 시계 등 전장환경은 예측하기 어려운 변수로 적과의 교전[2] 이전에 극복해야 할 또 다른 적이 된다. 특히, 전장에서 도보 병력은 적과의 교전을 위해 기동[3]하는 과정

1) 프랑스의 군인이자 황제 나폴레옹(Napoléon Bonaparte, 1769~1821)은 "사기와 전력의 중요성 비율은 3대 1이다." 독일군 장군 롬멜(Erwin Rommel, 1891~1944)은 "만 대의 자주포가 있다 하더라도 군사의 사기가 저하되어 있다면 그것은 패배다"라고 할 정도로 사기의 중요성을 강조했다.

2) 교전은 전투보다는 단기간 소규모 부대 간에 이뤄지는 무력충돌이다. 전투는 교전보다는 장기간에 규모가 큰 부대가 투입되어 수행하는 일련의 연관된 교전이다.

3) 기동(機動, Maneuver)은 차후작전에 유리한 상황을 조성하기 위해 적보다

에서 이러한 요인으로 어려움에 직면한다. 대부분의 지형과 기상은 굴곡과 경사, 결빙, 무더위와 추위, 폭우와 폭설, 강풍, 안개 등 극복하기가 쉽지 않다. 많은 부대와 전투원이 적과의 교전 이전에 험한 지형과 악 기상의 난관을 극복하지 못하거나, 극복하는 과정에서 전투력을 소진한다. 악조건의 환경은 육체적인 고통을 수반하고 전투장비의 기능발휘에도 제한을 준다.

악조건의 지형과 기상에서 수행되는 전투는 예측이 어렵고, 돌발적인 변화가 심한 환경을 동반한다. 이러한 변수들은 작전계획 수립과 전투력 운용에 충분하게 고려되어야 하며, 극복을 위해서는 경험을 공유하고 전투체력, 창의성과 유연성, 적응력을 길러야 한다.

평시 훈련 간 악조건의 지형과 기상에 노출되는 경험은 이를 극복하는 능력을 향상시킨다. 감당할 수 있는 비와 바람, 더위와 추위 등의 악조건을 위험하다고 회피하거나, 훈련을 시작하기도 전에 완전한 눈 치우기, 훈련 중 차량 전조등 사용 등 악조건의 전장을 과도하게 완화시키거나 잘못된 방법을 허용해서는 안 된다. 좋은 기회를 잘못 활용하는 것에 익숙해서는 안 된다. 물론, 아무리 실전적인 훈련이 중요하다고 해도 감당할 수 없는 위험이라면 적절한 조치를 해야 한다. 감당할 수 있느냐, 없느냐를 판단하는 것은 중요한 결심이다.

유리한 위치로 병력, 장비, 물자 등을 이동시키는 것이다. 적과 직접적인 접촉 유무에 따라 아군 지배 하 지역에서는 이동, 공격개시선 너머 지역에서는 기동으로 구분한다.

적의 위협은 때와 장소, 방법을 가리지 않는다.

적의 위협은 전투가 개시되기 전부터 언제 어디서나 늘 존재하며, 불규칙적이고 예측이 어려운 다양한 방식으로 가해진다. 즉, 작전준비 중에도, 전투휴식 중에도, 전방에서, 측방에서, 후방에서, 공중에서, 포병화력이나 화학작용제로, 장애물로, 소규모 침투부대로, 아군이나 민간인 복장으로, 사이버 공격으로 또는 기만으로 등 늘 존재한다. 따라서 어떤 상황에서도 적의 위협을 예상하고 대비해야 한다.

적의 위협은 부대를 대상으로 하든 각개 전투원을 대상으로 하든, 훈련되지 않았다면 기습을 허용하고 혼란을 야기해 제대로 된 대응을 할 수 없다. 혼란을 최소화하고 적절하게 대응하기 위해서는 무엇보다 적 전술[4]에 대한 깊은 이해와 예측할 수 없는 위협이 상존한다는 것을 인식하고 감시 등 정보수집, 경계태세를 갖춰 위협을 조기에 식별할 수 있어야 한다. 또한 위협상황에서 신속한 판단력과 팀워크를 발휘해 대응할 수 있어야 한다.

4) 전술은 작전수행 간 어떻게 전투력을 배열하고 운용할 것인가에 대한 '방법'으로서 잠재적 전투력을 결정적 성과로 전환시키기 위해 적, 지형을 고려해 부대를 질서 있게 배열하고 기동시키는 것이다.

다양한 위협이 어디에나 존재한다.

전장은 때와 장소를 가리지 않고 끊임없이 위협(위험)이 존재하는 곳이다. 위협은 마찰과 불확실을 조성하는 요인이기도 하지만, 마찰과 불확실로부터도 발생된다. 즉, 위협-마찰과 불확실은 어떤 것이 먼저라고 할 수 없으며, 서로가 발생되는 원인과 결과를 동시에 내포하면서 공존한다.

전장에서 가장 큰 위협은 당연히 싸워야 하는 적이고, 다음으로 악조건의 지형과 기상, 내부적인 위협으로는 우군 간의 피해, 불리한 상황인식과 불안의 확산, 기술적 고장 등이며 훈련의 질과 수준에 따라 부분적으로 통제가 가능하다. 언제나, 어디서나 존재하는 위협에 대비하지 않으면 치명적인 결과가 초래된다.

전투(전쟁)의 본질은 적과의 대결이다. 적은 정찰 및 정보활동을 통해 우리의 약점을 파악하고 예상치 못한 수단과 방법으로 공격할 것이며, 선전, 허위정보 유포, 심리적 압박 등을 가해 올 것이다. 늘 적의 행동을 예측하고 경계태세를 유지하는 등 대비해야 한다.

적과의 전투는 불가피하게도 악조건의 지형과 기상이라는 극복요소가 병행한다. 악조건의 지형은 기동성과 효율성을 저하시키고, 악조건의 기상은 전투원의 피로 증가와 장비의 작동을 저하시켜 어려움을 야기한다. 실전적 훈련만이 이를 극복할 수 있다.

한편, 전장에서는 전상자가 발생하기 마련이지만, 우군 간의 피해는 급속도로 전투능력을 약화시키고 사기를 저하시키는 요인이다. 피아식별방법과 철저한 사격통제가 요구된다. 불리한 상황인식과 불안의 확산 또한 사기를 저하시켜 전투의지를 약화시키고, 무기체계 · 통신체계 · 정보체계 등 기술적 문제 발생은 전투수행기능(지휘통제, 정보, 기동, 화력, 방호, 지속지원)의 마비를 초래한다. 전투의 주체인 전투원과 수단인 각종 체계가 혼란과 위협 속에서도 정상적으로 운용될 수 있도록 훈련해야 한다.

그 밖에도 지휘체계의 오류, 지휘관(자) 및 부대 간 의견 불일치, 정보 전달 부실, 보급품 유실, 연합작전 간 의사소통문제, 민간인 피해 등 발생 억제와 감소를 위한 대책이 마련되어야 한다.

적은 정형화된 방식으로 싸우지 않는다.

북한군은 "계획이 세밀히 조직되어 틀어지면 혼란이 발생한다", "지휘체계가 정치와 군사로 이원화되어 신속한 결심이 제한된다" 라고 약점을 분석하고 있으나, 이를 "정형화된 방식으로 싸운다", "융통성이 부족하다", "계획을 조정하려고 해도 시간이 소요된다" 라는 등으로 해석하는 것은 과소평가하는 결과로 무리가 있다.

북한군의 군사사상은 김일성의 항일유격전 경험에 의한 중공군 유격전 사상, 소련군 근무경험에 의한 정규전 사상, 6 · 25전쟁경험의 전략적 패인분석, 쿠바사태 · 월남전 · 중동전 · 걸프전 · 코소보전 등 과거 모든 전쟁을 분석한 교훈을 기반으로 목적을 위해서는 수단과 방법을 가리지 않는다는 것을 암시하고 있다. 이는 북한군의 기습, 속전속결, 배합전 등 군사전략과 평시 그들의 도발행위에서조차 예측할 수 없을 정도로 정형화되어 있지 않다는 것을 분명하게 한다. 또한 북한군의 모든 부대에서 공통으로 사용하는 부대운영개념인 작전전술교리[5]에서도 경직성을 단정할 수 없다. 북한군은 기묘(奇妙)한 전법과 영활(靈活)한 전투행동을 원칙으로 강조하고 있다.

적의 이러한 군사사상과 군사전략, 작전전술교리는 전장에서 기묘하고 영활한 방법으로 변화무쌍하게 행동으로 나타날 것이다. 북한군의 비정형(非定刑)의 예상치 못한 도발전략은 2024년 5월 시작된 오물풍선만으로도 충분하고 명백하다. 단순히 오물풍선이 아니라 언제든지 오물이 치명적인 물질로 대체될 수 있다는 잠재된 위협을 인식하고 대비해야 한다. 이는 전투 간에도 북한군의 비정형 도발을 염두에 둬야 한다는 것을 암시한다. 적의 전술 변화를 다양한 관점에서 이해하고, 적의 변화무쌍한 전술에 유연하게 대응할 수 있는 능력을 갖춰야 한다.

---

5) 북한군의 작전전술교리는 북한군의 군사전략을 실현하기 위한 작전술 차원과 전술 차원의 복합 교리개념이며, 북한군의 모든 부대에서 공통적으로 사용하는 부대운영개념이다. 이는 우리 군의 전쟁원칙, 공격(방어)준칙 정도에 해당하는 개념으로 집중, 기습, 기동성 증대, 기묘하고 영활한 전술(전술적 영활성), 비밀보장을 강조하고 있다.

곳곳에 화재가 발생한다.

전장의 화재는 불가피하다. 산악지역이 국토의 대부분을 차지하고, 도시화가 가속되고 있는 한반도에서 산악지역 전투, 건물지역 전투는 불가피하다. 산악지역은 수목이 울창해 의도와는 관계없이 포격이나 무기 사용에서 발생하는 작은 불씨 하나에도 대규모 산불로 확대된다. 수목이 울창한 산악지역보다는 덜 하겠지만 불에 취약한 소재로 만들어진 건물 또한 파괴되고, 연료나 가스 파이프 등이 손상되어 화재발생 가능성이 높다. 더욱이, 적은 대대까지 화염방사기부대를 운영함으로써 불을 전술적 수단으로 활용할 목적을 분명히 하고 있다.

평시 사격훈련의 경우, 방화지대를 설치하고 이슬이 있는 이른 아침에 또는 물을 뿌리는 등 대책을 강구함에도 산불은 발생한다. 불가피하게 발생할 전장의 화재를 관심 밖에 두거나, 마땅한 대안이 없다고 외면한다면 싸우기도 전에 결과는 뻔하다. 불구덩이 속에서 전투할 수는 없다.

전장의 화재는 전투훈련 시 상황을 조성할 수 없어 경험하지 못했을 뿐, 중요하게 다루어야 할 문제다. 전장의 화재에 대비한 전투수행방법을 발전시키고 교육훈련[6]과 병행해 작전계획 수정, 방

---

6) 교육훈련은 교육과 훈련, 연습을 포괄하는 개념으로 통상 교육과 훈련은 동시에 이뤄진다. 학교에서는 교육의 측면이, 야전에서는 훈련의 측면이 강조된다. 교육(Education)은 군사지식과 전투기술을 가르치고 배우는 활동이며, 훈련(Training)은 이를 행동으로 숙달하는 활동이다. 연습(Exercise)은 작전계획시행절차 숙달을 위한 훈련이다.

화포 지급 등 전향적인 조치가 시급하다.

공격작전과 방어작전은 빈번하게 교차한다.

전장에서 공격작전[7]과 방어작전[8]은 빈번하게 교차하며 동시 또는 혼재되어 수행된다. 제대규모가 클수록 공격작전과 방어작전이 비교적 구분되어 수행되지만, 제대규모가 작을수록 구분해 수행되지 않는다.

전투가 개시되는 시점에서야 공격작전 또는 방어작전일 수는 있으나, 전투가 종결될 때까지 하나의 작전유형[9]이 지속될 수는 없다. 방어작전을 하더라도 역습, 역공격 등 공세행동 과업을 부여받은 예하부대 입장에서는 공격작전을 수행하게 된다. 상황에 따라 방어적인 위치에 있는 부대가 적의 공격에 직면했을 때, 방어작전을 유지하면서 동시에 공격작전을 계획하고 실행할 수도 있다. 공격작전을 하더라도 예하부대는 특정지역을 확보해 적의 측방위협

7) 공격작전은 적의 전투의지를 파괴하고, 적 부대를 격멸하기 위해 가용한 수단과 방법을 사용해 전투를 적 방향으로 이끌어가는 작전이다.

8) 방어작전은 공세이전의 여건을 조성하기 위해 공격하는 적 부대를 저지, 격퇴, 격멸, 지연하는 작전이다. 방어작전은 공자의 행동을 최대한 구속하면서 방자가 의도한 대로 작전을 주도함으로써 궁극적으로는 공격작전으로 전환하기 위한 것이다.

9) 작전유형은 공격작전, 방어작전, 안정화작전, 정부기관 및 민간지원작전, 국지도발대비작전으로 구분된다. 공격작전은 접적전진, 공격, 전과확대, 추격의 작전형태로 분류하고, 방어작전은 지역방어, 기동방어, 지연방어의 작전형태로 분류한다.

에 대비한 방어 과업을 부여받을 수 있고, 공격 중 피해가 발생하면 회복과 방어에 중점을 두어 전투의 지속 가능성을 유지해야 할 때도 있다. 이는 방어작전 간에도 공격작전을 준비하고, 공격작전 간에도 방어작전을 준비해야 하는 이유이며 전투의 유연성과 빠른 태세 전환을 요구한다.

'공격작전 따로, 방어작전 따로'라는 인식은 공격작전과 방어작전이 동시 또는 수시로 교차하는 상황에서 작전유형 변화에 대비한 준비나 대응을 할 수 없게 한다.

부정확하거나 왜곡된 보고가 흔하게 발생한다.

전장에서는 부정확, 허위, 과장, 낙관, 절망적인 보고가 흔히 발생한다. 이러한 현상은 전투상황의 불확실과 복잡성, 무질서, 정보 수집 및 전달의 어려움 등으로 인해 나타난다. 이러한 이유로 전장에서 많은 경우 결심은 불확실한 정보[10]에 의존하게 된다. 허위 정보를 믿고 활용한다면 상황을 과소 또는 유리하게 평가하게 되고, 이는 부정확한 정보를 믿고 활용하는 것보다 더 큰 위험에 직면하게 한다.

치열한 교전과 혼란 속에서 행해지는 상황파악과 보고는 부정확하거나, 의도하지 않았더라도 과소 또는 과장보고를 유발한다. 또

10) 정보는 전쟁 수행상 필요한 첩보를 수집해 해석 · 평가 · 분석한 적의 상황 또는 그에 관한 보고로 해석 · 평가 · 분석 전의 첩보와는 구분된다.

한 보고되지 않거나 허위보고가 되기도 하고, 지연되거나 중요한 정보가 식별되지 않는 등으로 상황판단[11]-결심-대응의 실시간 전투지휘를 어렵게 한다.

예측 불가능하며 빠르게 변화하는 전장환경에서 통신 장애, 적의 전자전,[12] 지형적 조건 등으로 첩보수집이 어렵거나 지연될 수 있고, 전투에서 발생하는 스트레스와 피로, 무질서로 인해 보고의 정확성과 객관성을 저해할 수도 있다. 또한 적의 의도적인 정보 조작이나 속임수, 상황에 따라 나타나는 낙관적이거나 절망적인 감정, 날씨와 지형 등 통제 불가능한 변수들은 보고의 정확성에 영향을 미칠 수 있다. 게다가 발전된 정보기술, 통신체계는 과거보다 더 많은 첩보를 수집할 수 있게 하지만, 해석 · 평가 · 분석의 시간과 노력을 증대시키기도 한다.

이러한 상황에서 결심권자는 정보의 완전성을 위해 노력하지만, 신속한 결심을 위해 불완전한 상태에서 상황을 판단할 수밖에 없는 경우는 수시로 발생한다.

불확실과 혼란, 무질서의 전장에서 필요한 중요정보를 가려내고, 신뢰하기 어려운 많은 정보를 평가하고 건전한 결심을 하는 것이야말로 지휘관(자)의 능력이다. 이러한 능력은 결심권자의 다양한

---

11) 상황판단은 지속적인 상황평가와 과업 및 효과평가결과를 통해 현재 상황과 계획의 차이를 식별하고, 임무완수 가능 여부를 판단해 지휘관 결심을 지원 및 건의하는 활동이다.

12) 전자전(電子戰, Electronic Warfare)은 적의 네트워크, 레이더, 통신, 탐색 시스템 등을 교란하거나 해킹해 피해를 주고, 우위를 확보하는 군사활동을 통칭한 것으로 전자공격(Electronic Attack: EA), 전자방어(Electronic Protection: EP), 전자지원(Electronic Support: ES)으로 구분한다.

경험과 전술지식, 직면하고 있는 전장의 전반적인 이해 등 종합적인 사고에 기초한다.

피아를 구분하기 어렵다.

전장은 피아의 공간이 구분되어 있지 않다. 피아는 물론이고, 민간인이 혼재되어 있기도 하다. 야간, 적의 침묵과 은폐, 적의 전자전 및 허위정보 전파, 적의 기만이나 예측하기 어려운 다양한 행동, 통신두절 등 상황에서 정보부족과 긴박성은 피아식별을 더욱 어렵게 한다.

적은 의도를 감추기 위해 통신장비를 사용하지 않거나 암호화된 통신을 통해 흔적을 남기지 않고, 민간인이 혼재한 지역에서는 민간인 또는 아군 복장으로 활동하고, 아군끼리 교전하도록 혼란을 조성한다. 또한 전자전 수단 등으로 통신을 방해하거나 허위정보를 유포함으로써 아군의 첩보수집 및 분석을 제한해 피아를 구분할 수 없게 만든다.

예컨대, 야간에 아군 인접지역의 근거리에서 아군끼리 교전하도록 아군을 향해 사격 후 이탈하는 적, 도시지역에서 아군 복장 또는 민간인 복장으로 활동하는 적, 상상하기도 어렵고 무모하다고 생각되지만 아군 책임지역 내로 진출해 아군차량인 것처럼 거침없이 활동하는 적, 구분할 수 있을지 의문이다.

피아를 구분하지 못해 발생하는 아군 간의 교전 피해는 많게는 전체 피해의 반(半)에 가까울 정도다. 실제 전투를 통해 피해를 체감하지 못할 뿐, 피아를 식별하지 못해 우군 간 발생하는 많은 피해는 놀랍기도 하고 우려할 만하다.

늘 해 왔던 식별표식, 신호규정, 통신접촉 등의 방법만으로는 피아를 구분할 수 없다. 전장에서 피아를 식별하기 위해서는 적 전술에 대한 깊은 이해, 첩보수집 및 높은 수준의 정보분석능력, 지휘관(자) 및 각개 전투원의 빠른 판단력이 요구된다. 또한 최신 기술을 활용해 물리적인 수단을 강구하고, 훈련을 통해 유효한 방법을 찾아 식별할 수 있는 능력을 기르는 것이 중요하다.

때로는 전우가 적이 되기도 한다.

"전우가 적이 되기도 한다고!, 설마!" 있을 수 없는 일이라고 할 수도 있다. 그러나 안타깝게도 전장에서는 생각과 기대와는 다르게 발생한다. 이는 많고 적고의 문제이기도 하지만, 있다는 자체에 주목해야 한다.

평시 전우애를 함양하지 못하고 적대감을 가진 전우, 반복된 과오로 실패를 유발하거나 부하를 불필요하게 힘들게 하는 상급자, 그들이 주로 실수를 가장한 표적이 된다. 이러한 현상은 지극히 인간적인 본성에서 나타난다.

고통과 공포 속에서 풀잎 스치는 작은 소리, 바람 소리에도 민감하게 반응하는 상황에서 평시 관계가 좋지 않았던 상・하급자나 전우의 사소한 말 한마디, 별것 아닌 행동에도 과거의 나쁜 감정이 확대 기억됨으로써 급기야 이성을 잃어 심각한 상태에 이르게 된다. 이러한 반응은 "전투를 왜 하는지", "전우가 나에게 어떤 존재인지"를 망각하게 하고, 지극히 개인적이고 사사로운 일에 집착하게 되어 오해와 갈등이 확대되고, 해서는 안 되는 선택을 하게 된다. 그 외에도 적이 전우로 위장해 침투하는 경우, 적의 포로가 된 전우가 적의 목적을 수행하게 되는 경우, 각 부대와 전투원이 수령한 명령이나 지침이 상이해 목표의 불일치로 인해 전우가 서로 다른 행동을 하게 되는 경우 등 전우가 적이 될 수 있는 요인은 다양하다.

훈련 간 전우가 적이 되는 사례를 식별하고도 실제 전투가 아니고 노출되면 좋을 것이 없다는 이유로 쉬쉬한다면 전장에서 이러한 행위가 없으리라고 기대해서는 안 된다. 이러한 일이 발생하지 않도록 평시 전투원 간의 신뢰와 전우애 함양, 지휘관(자)의 리더십[13]과 전술지식 함양, 강한 정신력 배양, 작전목적 상기, 전투에 대한 이해, 훈련 간에도 전시 군법을 준용하는 등 다양한 방법을 강구해야 한다.

13) 리더십은 리더가 임무를 완수하고 조직을 발전시키기 위해 전투원에게 목적과 방향을 제시하고 동기를 부여함으로써 영향력을 미치는 활동이다.

전투장구류가 전투행동을 제한하기도 한다.

전투 시 착용해야 하는 장구류(裝具類)는 전투를 대비해 치장[14] 등을 이유로 전부를 착용 또는 휴대해 본 경험이 없어 전투행동의 제한을 얼마나 받는지 체감하기 어렵다. 전투 시에는 공통으로 전투복, 전투조끼, 전투화, 방탄헬멧, 방독면, 전투용응급처치키트, 화학전 상황에서의 보호의, 전투화덮개, 보호장갑 등을 착용 또는 휴대한다. 또한 화기, 탄약, 그리고 개인에 따라 다를 수는 있으나 야간투시경, 방탄조끼(복), 무전기 이외에도 임무와 상황에 따라 공용화기, 박격포, 대전차화기, 연막통, 지뢰, 철조망, 탄약, 길리슈트[15] 등을 휴대하게 된다. 모든 품목을 착용하고 휴대하면 행동이 불편하고, 걷기조차 힘들 지경이다. 가시성과 움직임, 통신, 장비 사용과 조작이 제한되고, 체온 상승과 피로 등으로 민첩성과 반응성을 감소시킨다. 더구나 전투와 생존에 필요한 전투장구류를 제대로 착용하거나 다루지 못한다면 그야말로 짐이다.

이를 극복하기 위해서는 우선 임무와 상황에 따라 모든 품목을 착용 및 휴대해 봄으로써 전투하중을 체험하고, 평시 훈련 간 전투하중으로 지속 임무수행이 가능하도록 숙달해야 한다. 동시에 평시 상시 사용 가능상태를 유지하고 사용법을 익히고 적응해야 한

14) 치장(置臟)은 평시 운영 초과분, 인가 초과분, 전시에 긴요한 물자 및 장비 등에 대해 전시소요를 충당하기 위해 사용을 통제하고 일정한 장소에 저장하는 것을 말한다.

15) 길리슈트는 헝겊 조각이나 나뭇가지와 같은 자연물을 덮어 주변 환경과 동화되도록 제작한 위장복이다.

다. 임무와 상황에 따라 착용 및 휴대품을 수시로 조정하고, 중·장기적으로는 전투장구류의 통합과 경량화가 요구된다.

첨단장비가 짐이 되기도 한다.

제4차 산업혁명기술의 군사적 활용에 따라 군 내 운용되는 장비의 첨단화가 지속되고 있다. 그러나 첨단화가 때로는 운용미숙으로 사용할 수 없거나, 오히려 짐이 되어 전투에 방해가 되기도 한다. 훈련 부족 외에도 유지보수와 지원시스템과의 통합문제도 영향을 미친다.

이러한 현상은 사전에 운용 및 정비능력을 갖추지 못한 전력화 초기에 주로 나타나는 현상으로, 전력화와 동시에 능숙하게 다룰 수 있도록 여건을 조성하고 훈련해야 한다. 전력화 이전에 장비를 확보해 많은 대상을 교육하고 훈련하는 데 제한이 있겠지만, 전장이 이러한 제한을 용납할 리 없으니 반드시 해결해야 한다. 또한 유지보수, 지원시스템과의 효과적인 통합 관리가 요구된다.

필요한 많은 것이 부족하거나 없다.

전장에 내게 필요한 모든 것이 있을 것으로 생각하는 사람은 없다. 자원이 제한적이고, 다양한 마찰요소로 인해 소모량을 보충량이 따라가기도 어렵다. 부족하거나 없는 상태에서 전투를 수행해야 하는 곳이 전장이다. 병력, 장비, 탄약, 유류, 보급품, 의료 및 구호품, 정비 공구 및 수리부속 등 부족을 다 열거하기보다는 모든 부분에서 부족하거나 없다고 하는 것이 적절할 것이다. 이는 창의성을 요구하는 전장의 특성이다. 그럼에도 불구하고 이러한 제한 속에서의 훈련은 좀처럼 목격하기 어렵다.

생사가 걸린 전장에서 부족하거나 없는 것을 탓할 수는 없다. "훌륭한 목수는 연장을 탓하지 않는다"는 속담, 미국 ABC의 TV 시리즈 〈맥가이버〉가 상기된다. 이 속담과 맥가이버의 창의적 발상이 전투전문가에게 요구되는 능력일 것이다. 위기상황에서 필요한 것이 부족하거나 없다고 해도 무엇이든 활용해 원하는 결과물을 만들어 내는 창의성, 기술과 태도, 과학적인 지식과 손재주를 활용해 다양한 도구와 물건들을 활용해 문제를 해결하는 것은 전장에서 요구되는 능력이다. 망치가 있어야만 못을 박을 수 있는 것은 아니다. 그러나 우리는 "부족하거나 없는 상황에서 훈련해 본 적이 있는가?" 문제 자체를 인식하지 못하고 있으니 해결될 기미가 보이지 않는다. 필요한 모든 것을 갖춘 상태에서의 훈련으로는 전장에서 할 수 있는 것이 없다.

창의적 사고는 안 되는 것처럼 보이는 것을 될 수 있게 한다. 예컨대, 망치가 없으면 돌이나 무엇인가로 못을 박을 수 있어야 하고, 크레모아 격발기 여러 개를 동시에 운용할 수 있어야 하고, 유류가 떨어져 보급이 지연되거나 수리부속이 부족하면 사용이 불가한 다른 장비에서 전용할 수 있어야 한다. 또한 식수가 없으면 수액(樹液)이나 빗물 등을 받아먹을 수 있어야 하고, 먹을 것이 없으면 야전의 식용 가능한 식물을 식별할 수 있어야 하고, 결빙되거나 눈이 쌓인 지역에서 썰매와 같은 도구를 만들어 이동할 수도 있어야 한다. 그 외에도 완전한 시설과 의무장비를 갖출 수 없는 상황에서도 치료소[16]를 운영할 수 있어야 하는 등 창의성은 전장 곳곳에서, 매 상황에서 요구된다.

부족하거나 없는 전장의 상황에서 창의성 발휘와 효율적으로 자원을 관리하고 운용하는 능력을 갖추기 위해서는 사고력을 증진하는 훈련을 강화해야 한다.

훈련만으로 해결되지 않는 것도 있다.

훈련만으로 전장에서 요구되는 능력을 모두 갖출 수는 없다. 밤낮으로 훈련했지만, 결과가 변함없이 만족할 만한 수준에 도달하지 못하는 부분이 있다면, 외면하지 말고 원인을 찾아 근본적인 문제를 해결해야 한다.

16) 치료소는 환자를 치료하고 군단 및 후방으로 후송을 담당하는 의무시설로 사단급 이하에 설치해 운용한다.

예컨대, 거점에서 임무수행 중 화재가 발생하는 상황에서 훈련만으로 생존할 개연성은 거의 없다. 또한 유효한 사격을 위해서는 정확하게 표적위치가 결정되어야 하지만 임의지역에서 전투원이 지도 한 장으로 산출해 내기는 쉽지 않다. 급박한 상황에서 통신장비가 적에게 피탈될 경우 적이 감청, 허위첩보 제공 등 활용하지 못하도록 해야 하지만 이 또한 가능하지 않다.

이처럼 훈련으로 해결하기에는 한계가 있는 문제를 찾아 해결해야 한다. 작전계획 수정, 방화포 지급, 표적위치결정기와 통신장비 소프트웨어 자동소거장치 개발 등 계획발전과 물리적인 수단이 병행 강구되어야 한다.

1-2

전장인식

전장인식을 핵심단어로 표현하면 계획과 현실의 불일치, 부정확한 정보와 불확실성, 정형화된 계획과 방법 불허, 의지와 현실의 차이라고 할 수 있다.

전장의 올바른 인식은 효율적인 전투준비와 창의적인 전투행동을 가능하게 하는 것으로 군사적인 활동에 참여하는 군인들에게 요구되는 중요한 능력이다.

실제 전투를 경험하는 것이야말로 전장을 올바로 인식할 수 있게 하지만, 현실적으로 가능하지 않다. 다행스럽게도 우리에게는 실제 전장과 거의 같은 KCTC에서 전투를 경험할 수 있고, 실제 전투를 경험하지 않고도 전장을 올바로 인식할 수 있게 되었다.

6·25전쟁, 월남전 등 전투경험이 있기는 하지만 전장환경의 변화로 과거의 경험만으로 현대 전장이 요구하는 해답을 찾기에는 한계가 있다. 시간의 흐름이 전투의 일반적인 원칙을 변화시키지는 않는다고 해도, 첨단 무기의 등장 등 전장환경은 작전계획, 전투수행방법의 변화를 요구한다.

전장은 예상치 못한 어려움, 지연, 혼란, 기술적인 결함, 적의 의도, 환경 변화 등 마찰과 불확실이 늘 존재하며, 동일한 상황과 조건이라도 정형화된 형식으로 전투가 치러질 수 없다.

전장은 적을 상대로 서로의 의도를 좌절시켜야 하는 곳으로 적이 없는 훈련, 마찰(摩擦, friction)과 불확실(不確實, uncertainty)이 존재하지 않는 훈련에서 적응된 '했다 치고, 된다 치고, 그렇다 치고'가 통하지 않는다. 또한 아무리 전투의지가 강하더라도 알고 행동할 수 없는 '의지'만으로는 싸워 이길 수 없다.

마찰과 불확실이 상존한다.

안타깝게도 실제 전장은 우리가 하는 평시 훈련 현장과는 확연하게 다르다. 전장은 단순히 적과 아군이 싸우는 곳이 아니라, 다양하고 많은 마찰과 불확실의 요소를 극복해야 하는 현장이다. 또한 마찰과 불확실의 특성에서 나타나는 우연과 만나게 되면서 예측할 수 없는 현상들이 초래되는 곳이다. 전장의 마찰과 불확실성은 군사 작전17) 및 전투18)에서 핵심적인 고려사항이며, 예측 불가

17) 작전은 전략 · 전술 · 근무 · 훈련 및 군 행정임무에 관한 군사적인 행동이나 수행, 전투 또는 전역에서 목표를 달성하는 데 필요한 작전수행과정으로서 이동 · 보급 · 공격 · 방어 등이 포함된다.

18) 전투는 적을 격멸하거나, 일정 지역이나 목표물을 공격 또는 방어하기 위해 적과 직접 싸우는 군사행동, 작전을 성공적으로 이루기 위한 작전행동의 한 수단, 전술적 수준의 목표를 달성하기 위해 실시되는 통상 군단급 이하 제대의 협조된 활동이다.

능한 환경이 조성되는 주된 요인이다.

마찰은 실제 전장에서 계획한 대로 상황이 전개되지 않는 현상을 만들어 내며, 이는 예상치 못한 어려움, 지연, 혼란, 기술적인 결함, 통신문제, 부대 간의 의사소통 제한, 기상의 변화, 험한 지형 등 다양한 요인에서 기인한다.

마찰은 또한 작전수행과정에서 고통과 피로를 유발하며 행동의 둔감, 반응시간 지연, 잘못된 결심,[19] 사기[20] 저하, 전투의지 약화 등을 유발한다. 불확실은 적의 위치나 의도 파악 제한, 예상치 못한 적의 공격, 기상 변화, 기술적 변수 등 다양한 요인에 의해 증가되고 상황예측을 어렵게 해 계획수립[21]과 전투행동에 직관[22]을 요구하기도 한다.

마찰과 불확실성은 밀접한 관계성을 가져 마찰이 높아질수록 예측이 어려워지며, 불확실성이 증가하면 마찰이 더 커질 수 있다. 이 둘은 함께 작용해 전투상황을 더욱 혼란스럽게 만들 수 있다. 프로이센의 군인이자 군사사상가인 클라우제비츠(Carl von Clause-

19) 결심은 지휘관이 상황판단결과를 기초로 시행 또는 조정을 결정하고 대응개념을 제시하며 신속결심과정을 통해 건의된 방책 및 명령을 승인하는 것이다.

20) 나폴레옹은 "전투에서의 전진은 물질적인 요인보다 사기에 더 의존한다. 수적 또는 기술적 우위가 용기, 힘, 결정력, 공격정신의 부족을 대신할 수 없다. 반대로 장비를 제대로 갖추지 못한 부대가 기술적인 열세를 인식했을 때 사기는 저하된다"라고 해 사기의 중요성을 강조했다.

21) 계획수립은 지휘관과 참모가 상급부대로부터 부여받은 과업과 상황이해를 기초로 작전을 수행할 효과적인 방법을 발전시키고 계획을 완성하는 술(術)과 과학의 논리적인 활동이다.

22) 직관(直觀)은 경험과 적에 관한 지식 등 전술지식에 근거해 작용하며, 손끝감각이라고도 한다.

witz, 1780~1831)가 그의 저서 『전쟁론』에서 "마찰은 실제 전쟁과 탁상 전쟁을 구분하는 유일한 개념이며, 우연과 만나게 되면서 예측할 수 없는 현상들을 초래한다. 따라서 마찰에 대한 지식은 곧 훌륭한 장군(지휘관)이 가져야 할 전쟁경험의 핵심부분이다"라고 할 정도로 중요하게 고려되어야 한다.

마찰과 불확실성을 감소시키기 위해서는 무엇보다 전장을 가시화하고 창의적이고 유연한 사고가 필요하다. 정보수집과 종합적인 분석을 통해 전장을 올바로 인식하고, 빠른 의사결정과 계획 수정, 부대(전투원) 간의 협업, 상황에 따른 효과적인 전투력 운용 등 전장 적응력을 길러야 한다. 이는 실전적 훈련에서 비롯되며 공간 제한, 적을 대신하는 대항군의 부재, 위험성, 악조건 기피 습성, 주민 불편 등 제한을 해소하고 실전적 환경이 조성되어야 가능하다. 실전적 훈련은 마찰과 불확실의 전장에서 상황해결능력을 향상시키고, 상황해결능력은 전장에서 자신감을 가지게 해 승리로 귀결된다. 실전적이지 않은 훈련은 반대의 결과로 귀결된다.

정형화된 틀, 각본이 허용되지 않는다.

"전장에서 정형화된 틀, 각본이 허용되지 않는다[23]"는 의미는

23) 손무(孫武, 중국 제나라, BC 6세기경)는 "동일한 방법으로 전쟁에서 승리할 수 없다"라고 했고, 풀러(J. F. C. Fuller, 영국군 장교이자 군사전략가, 1878~1966)는 "전쟁에서 패배는 대부분 과거의 성공에 사로잡힌 교조적

전투상황이 불확실하고, 예측 불가능하며 계획대로 진행되지 않는다는 현실을 강조하는 것이다. 이는 군사 작전 및 전투에서 예상치 못한 상황과 변화에 민첩하게 적응해야 한다는 개념을 내포하고 있다. 이러한 이유로 계획을 행동으로 옮기기 위해서는 마찰과 불확실에 대응한 창의성과 유연성, 적응력이 필수적이라는 메시지를 담고 있다.

마찰과 불확실의 전장에서 정형화된 틀이나 각본, 즉 상황의 고려 없이 작전계획에 집착하거나, 교리[24]의 원리 · 원칙만을 고집해 판단 없이 맹목적으로 따르고 학습되어 길들었다면, 틀에 갇혀 전장에서 요구되는 창의적이고 유연한 사고와 행동을 할 수 없다. 결과는 뻔하다.

계획시점에서 가장 합리적인 것이 작전계획이고 전쟁경험을 통해 발전된 일반적인 원리 · 원칙을 담고 있는 것이 교리로서 의사결정의 중요한 기준이 됨에는 틀림이 없다. 따라서 작전계획이나 교리는 반드시 필요하지만, 적용에 있어서는 판단이 필요하다.

2023년 10월 군사강국 이스라엘에 대한 하마스의 공습[25]은 '아

틀을 유지했기 때문이다"라고 했다.

24) 교리는 군부대나 그 구성원이 작전을 수행하는 데 적용해야 할 공식적으로 승인된 군사행동의 기본원리와 전술, 전기, 절차, 용어 및 부호다. 교리는 맹목적으로 따라야 하는 '교조(敎條, dogma)'가 아니며, 복잡한 작전환경의 특성을 고려해 판단을 통해 융통성 있게 적용해야 한다. 교리는 특정 군사문제에 대해 무엇으로 또는 어떻게 해결할 것인가의 해답이 아니다. 군사이론가들은 교리에 대해 주도적으로 창의성을 발휘해 적용할 것을 강조하면서 '교리를 교조적으로 너무 틀에 박히게 적용하는 것'에 대해 경고했다.

25) 공습은 항공기, 공중 폭탄, 미사일, 드론 등과 같은 수단으로 공중으로부터 수행되는 공격작전이다.

이언 돔[26]'을 운용하는 이스라엘을 혼란에 빠지게 했는데, 이는 정보력에 의한 적의 공습징후 식별이 가능하고, 작전계획대로 될 것이라는 믿음과 작전계획대로 상황을 이해하려는 데서 비롯된 것으로 시사하는 바가 크다. 당시 아이언 돔은 쏟아지는 하마스의 로켓을 막아내지 못했지만, 2024년 4월 이란(이스라엘이 시리아 주재 이란의 영사관 폭격에 대한 보복)의 180여 대의 드론과 350기 이상의 미사일 대부분을 요격할 수 있었다. 이는 2023년 하마스의 공습에 비해 공습무기 수량이 적었고 드론의 비행 속도가 느린 이유도 있었지만 무엇보다 2023년의 경험을 통해 계획대로, 예상대로 되지 않을 수 있다는 판단과 대비가 있었기 때문이다.

시사하는 바, 방어준비태세[27]는 단계를 거치지 않고 발령될 수 있다는 등을 염두에 둬야 한다. "방어준비태세 변경은 Ⅳ → Ⅲ → Ⅱ → Ⅰ단계를 거친다"는 인식은 기습으로 인해 단계를 건너 발령될 수 있는 우발사태에 대해 생각할 수 없게 한다. 우발사태가 발생하면 "설마 그럴 리가 있어!"라고 단정해 무시하거나, 생각조차 하지 않는다면 무방비 상태가 된다.

한편, "적이 공격(방어)하면 나는 방어(공격)", "적은 야간에 공격

26) 아이언 돔(Iron Dome, 전천후 이동식 방공망체계)은 이스라엘이 2011년 실전 배치한 미사일 방어체계로 영토를 둥근 지붕 형태의 방공망으로 둘러싸 레이더로 발사체를 추격하고 타격 가능성을 예측해 4~70km의 거리에서 로켓과 포탄 등을 차단, 파괴하도록 설계되었다. 이는 날아오는 다양한 미사일을 탐지 · 요격하는 우리 군의 복합 다중방어체계인 한국형미사일방어체계(Korea Air and Missile Defense: KAMD)와 유사한 개념이다.

27) 방어준비태세(Defense Readiness Condition: DEFCON)는 당면한 상황에 대처하기 위해 부대를 일정한 준비태세로 유지시키는 것이며, 4단계(DEFCON-Ⅳ ~ Ⅰ)로 구분해 상황이 진전됨에 따라 높은 단계로 전환한다.

한다" 등 틀에 갇힌 사고는 각본에 의한 잘못된 훈련에서 비롯된다. 늘 해 왔던 것과 다른 상황이 발생하면, 상황을 조치하기보다는 "있을 수 없는 상황"이라고 해 상황을 탓하고 받아들이지 않는다. 이러한 현상은 전장에서 통하지 않을 늘 하던 대로의 계획수립과 최초계획이 각본인 것처럼 해 상황을 최초계획에 맞추려는 습성, 적용 시 판단이 필요한 교리문헌[28]에 제시된 기본 원리 · 원칙과 예시를 맹목적으로 적용하는 등 잘못된 학습과 훈련의 결과다. 전쟁의 경험을 통해 발전되는 전투의 기본원칙은 모두가 아는 보편적인 원칙으로 상황에 따라 수정하지 않고 교조적(敎條的)으로 적용하면 실패한다.

제4차 산업혁명기술의 군사적 활용으로 아무리 정보력이 뛰어나다 해도 마찰과 불확실의 전장을 어떤 식으로든 단정할 수는 없다. 그럴 것이라고 믿고 계획한 대로에만 집착해 우발사태에 대비가 없다면 결과적으로 아무런 준비도 하지 않는 것과 같다. "전투(전쟁)는 정형화된 틀이나 각본에 의해 치러지지 않는다"는 당연함을 이해하고 행동을 변화시켜야 한다.

비록 실전에서의 마찰과 불확실을 완전히 대체할 수 있는 환경 조성 및 훈련이 어렵다고는 해도 실제 전장과 유사한 환경에서 발

28) 교리문헌은 작전수행과 교육훈련을 위해 사용하는 군인의 교과서로 교범(야전교범, 기술교범), 교육회장, 교육참고로 분류된다. 교범은 군사행동에 관한 원리, 전술, 전기, 절차 등에 관한 내용과 정비, 검사 등에 관한 참고사항을 기술한 교리문헌이다. 교육회장은 잠정적인 성격의 교육지시, 방침, 신교리나 개선교리 등을 공포하는 회람형식의 교리문헌이다. 교육참고는 야전교범, 교육회장 등에 수록되어 있는 원리, 전술 · 전기 등의 내용을 알기 쉽게 편집한 교리문헌이다.

생하는 예측 불가능한 변수들과 접촉하고 적응할 수 있도록 훈련해야 한다. 훈련에서 발생하는 예상치 못한 상황들을 경험하고 대응방법을 익힘으로써 마찰과 불확실의 전장에서 "정형화된 틀, 각본이 허용되지 않는다"는 것을 체감하고, 유연한 사고를 가능하게 한다.

의도대로 안 될 때가 더 많다.

전장에서는 계획과 의도대로 진행되지 않는 상황이 빈번하게 발생한다. 따라서 우발상황에 늘 대비해야 한다.

전투는 상대방이 오인하도록 수단과 방법을 가리지 않는 적과의 싸움이다. 적은 싸우는 방법을 유연하게 조정하며, 예측할 수 없는 다양한 수단과 방법을 사용한다. 또한 자연적인 환경, 정보의 부족 등 다양한 변수들로 인해 상황은 늘 불확실하다. 이러한 상황에서 의도대로 될 개연성은 높지 않다.

의도대로 되지 않는 주된 이유는 적과 지형 및 기상 등 외부적인 요인에도 있지만, 정보의 부족, 기술적인 문제, 각종 보고나 명령[29]의 부정확 등 내부적인 요인에도 있다. 이러한 현상은 불확실 속에서 전장 가시화는 물론, 이후에 일어날 일에 대한 예측도 대응

29) 명령은 상급자가 하급자에게 구두 또는 서면으로 의무를 부과하는 것으로 서식이나 구두, 신호 등의 통신수단을 이용해 예하부대 또는 개인에게 상관의 계획이나 결심사항을 지시하는 것이다.

도 어렵게 해 전투가 의도한 대로 전개될 수 없게 만든다.

의도대로 되지 않는 구체적인 사례는 예상대로 적이 행동하지 않고, 길을 잃거나 잘못 들고, 보급이 지연되고, 장애물이 계획대로 설치되지 않고, 명령이 전달과정에서 손실되고, 우군끼리 교전하고, 진지에 불이 나고, 주요 장비가 고장나고 등 다양하고 많다. 이러한 현상은 전장의 정상적인 생리작용이라 볼 수 있으나, 어떤 방법으로든 통제할 수 있어야 한다.

의도대로 되지 않는다는 것은 우리만이 겪는 문제는 아니다. 적 또한 의도대로 되지 않아 우리에게 호기를 제공하기도 한다. 분명한 것은 전투의 쌍방이 공통으로 직면하게 될 각종 변수를 어느 쪽이 더 효율적으로 통제, 극복, 활용하는가가 전투의 승패를 좌우한다는 것이다. 적의 의도를 좌절시키고 내가 의도한 대로 상황을 전개하기 위해서는 적 전술에 대한 깊은 이해와 충분한 전술지식, 종합적인 상황평가와 효율적인 전투력 운용능력, 강한 전투체력을 갖추고 명령과 지시의 이행상황을 세밀히 감독해야 한다. 이를 기반으로 창의적이고 유연한 계획변경과 의사결정, 명확한 의사소통, 강한 행동력, 신속한 대응이 필요하다.

'했다 치고, 된다 치고'가 통하지 않는다.

각종 제한을 이유로 한 '했다 치고, 된다 치고, 그렇다 치고'의 훈련방식은 전장의 현실과는 거리가 멀다. KCTC[30] 전투를 통해 이러한 방식의 훈련이 어떤 결과를 가져오는지 입증된다. 전장의 피할 수 없는 다양한 변수들을 제거하고 훈련한다면 실제 전장에서 통제 불가능한 상황에 직면하게 된다. 전투상황에서 급식, 정비, 보급, 전상자 처리, 도로 사용 제한, 화학전, 측방 위협 등 실체가 없는 행정적 조치와 상황은 대표적인 사례다.

예컨대, 적의 화학공격 시 병력, 장비, 식량, 탄약, 시설, 도로 등 노출된 모든 것이 오염된다. 그러나 상황조성이나 조치의 용이성을 기준으로 병력과 장비, 도로만 오염된 것으로 상황을 자의적으로 평가하고 '그렇다 치고'로 갈음하거나, 제대로 평가하고도 적절한 대응을 하지 않고 슬그머니 외면하기도 한다.

"왜 그렇게 하는가?"의 질문에는 이유가 있다. "위험해서, 시간적인 제한으로, 어려워서" 등 이유는 다양하고 많다. 물론, 위험성, 상황조성의 기술적 문제 등 일정부분 제한이 있다는 것도 이해는 된다.

안전이 우선되어야 한다는 것에는 누구도 이의를 제기하지 않는다. 다만, 훈련이 임무수행을 위해 필수라고 볼 때 훈련에 동반되는 위험은 해소해야 할 문제지 회피할 대상이 아니다. 위험이 동반된 훈련이라면 훈련 전·중·후 위험을 제거하는 것은 당연하다. 그러나 해소 조치 없이 훈련을 강행하거나, 해소의 어려움이 있다

30) KCTC(Korea Combat Training Center, 육군과학화전투훈련단)는 강원도 인제에 위치하며, 2002년 창설되어 2012년까지 중대 및 대대 과학화전투훈련을 담당하고, 2018년에는 여단급 과학화전투훈련체계를 전력화해 매년 12개 여단전투단을 대상으로 전투훈련을 담당한다. 전투훈련장 규모는 16km×18km로 건물지역·갱도 등 지하시설, 하천이 구축되어 실제 전장을 구현한다.

는 이유로 훈련을 하지 않는다면 본연의 임무를 망각한 것이다. “안전이 확보되지 않아서 훈련하지 않는다”가 아니라, “안전을 확보하고 훈련해야 한다”가 되어야 한다.

전장의 상황을 그대로 재현하는 상황조성의 기술적 문제는 세밀히 따져보면 상당부분 해결이 가능하다. 예컨대, 기동장비의 연료부족에 따른 조치훈련을 해야 하지만, 통상의 경우 훈련장 여건상 짧은 기동거리로 연료 부족 현상은 발생하지 않는다. 이러한 문제를 해결하기 위해서는 전투 개시시점에서 연료량을 통제하면 된다. 또한 포병 사거리를 충분히 보장한 훈련을 위해서는 훈련장 외곽의 가용한 장소에 포진지를 점령하고 훈련하면 된다. 이처럼 제한으로 여겨지지만 사고를 유연하게 한다면 의미 있는 방법이 착안될 수 있고, 해결방법 토의 등 경험이 많은 여러 사람들이 의견을 모은다면 좋은 방법이 도출될 수 있다. 대부분은 의지의 문제다.

제한사항을 해소하는 어떤 조치가 없어 발생하는 ‘했다 치고, 된다 치고, 그렇다 치고’의 훈련이 실전적이라고 하거나, 이러한 훈련이 실전에서는 상황에 맞게 알아서 행동할 것이라고 기대하는 사람은 아무도 없다. 이러한 훈련방식은 전장에서 극복할 수 없는 현실에 부딪치게 한다.

불리한 상황인식은 순식간에 확산된다.

전장에서는 예측할 수 없는 일이 빈번하게 발생하고, 이는 추측성 사고(思考) 등 전투원의 심리에도 혼란을 촉발한다. 혼란한 심리는 사실을 왜곡 또는 확대 해석하게도 하고, 허상을 현실로 받아들이게도 한다. 이러한 심리현상은 한순간에 상황을 불리하게 인식하게 해 상황을 빠르게 파악하고 대응하지 않으면 걷잡을 수 없이 확산하고, 싸워보기도 전에 전세가 역전되기도 한다.

불리한 상황인식은 적의 기습, 전우들의 희생, 탄약의 고갈, 보급지연, 통신두절, 인접부대의 고전(苦戰) 등 불리한 상황의 목격에서 나타난다. 여기에 적의 심리전, 유언비어가 더해지면 확산 속도는 걷잡을 수 없다. 한 전투원이 듣거나 목격한 상황을 불리하게 인식하면 주변의 전투원에게 이를 확대 전달하고, 이러한 현상은 전달되면서 더욱 확대되고 순식간에 전장 전체에 확산된다.

불리한 상황인식이 확산되면 전투 공간 내에서 서로 다른 부대와 지점 간의 연결성이 빠르게 손실되어 부대 간의 협동과 협조가 어렵게 된다. 또한 전투원의 사기가 급속도로 저하되어 전투의지가 약화될 뿐만 아니라, 판단을 왜곡시켜 잘못된 결정을 하게 할 수도 있다. 불리한 상황인식을 한 경우 이를 극복하기 위한 노력보다는 후퇴하거나 항복을 선택할 수도 있다. 따라서 불리한 상황인식을 방지하고, 발생 시 초기에 신속하게 대응하는 것이 중요하다.

불리한 상황인식은 전장의 상황을 정확하게 파악해 공유하고, 지휘관(자)에 대한 신뢰, 빠른 판단과 효과적인 명령, 전투원의 사기 고양, 자신의 임무에 대한 자부심을 갖게 해 정신력을 강화함으로써 극복할 수 있다.

의지만으로는 싸워 이길 수 없다.

전투에서 싸워 이기겠다는 의지는 알고 훈련된 것을 전장에서 최종적으로 발현시키는 핵심적인 촉매로는 작용하지만, 의지 자체만으로 싸워 이길 수는 없다. 알지 못하고 행동할 수 없는 훈련되지 않은 상태에서의 의지는 무모할 뿐이다. 강한 전투의지는 알고 행동할 수 있도록 제대로 된 훈련이 전제되어야 한다. 의지는 중요한 동기부여 요소지만, 싸워 이기기 위해서는 '알고 행동하는 것', 즉 전술지식, 정보수집과 분석능력, 유연한 작전계획, 전투기술, 체력과 정신력, 창의력과 응용력, 리더십, 팀워크, 우수한 장비와 기술적 지원 등 다양한 요소들이 결합되어야 한다.

우리는 전투원을 전문 싸움꾼이라 해 전투전문가라 부르지만, 전투전문가란 적을 압도하는 싸우는 방법을 알고 창의적으로 사고함은 물론, 강한 전투의지로 전장에서 행동할 수 있어야 한다. 전투의지는 자부심과 긍지, 전우애, 단결력, 자신감과 용기, 실전적 훈련 등으로 강화된다.

02

전투준비와 전투행동

전투준비는 인적 · 물적 자원의 최적화와 체계적인 훈련을 통해 전투력을 극대화하는 과정이며, 전투행동은 이러한 준비를 바탕으로 상황에 맞는 전술과 전략을 구사해 최종적으로 승리를 확인하는 행위여야 한다.

즉, '전투행동을 보장하는 전투준비', '이겨놓고 싸우는 전투행동'이 되어야 한다.

2-1

전투행동을 보장하는 전투준비

전투준비는 싸우기 전에 이길 수 있는 형세를 만드는 것으로 전투행동의 필요조건이다. 전투준비는 전투에서 승리하기 위해 전투행동에 기초해 적을 압도하고 우위를 확보하는 과정으로 계획과 훈련, 전투에 필요한 각종 장비와 물자 준비, 충분한 첩보수집과 분석, 효과적인 지휘통제 등을 망라해 수행해야 한다. 전투준비는 최종적으로 승리를 확인하는 전투행동의 기반이 된다.

'전투행동을 보장하는 전투준비'는 전장실상을 이해하고 전장을 올바로 인식해 상황을 예측하는 것으로부터 시작된다. 예측된 상황에 기초해 준비소요를 정확히 식별하고, 완전한 전투준비를 함으로써 마찰과 불확실의 전장에 적응할 수 있게 된다. 완전한 전투준비는 전장의 혼란 속에서 계획수립과 협조, 각종 장비나 물자준비 등에 소요되는 시간과 노력을 최소화해 효율적인 전투행동에 기여한다.

태세 전환능력을 구비하라.

태세 전환은 큰 틀에서 평시에서 전시로, 공격(방어)작전에서 방어(공격)작전으로 바꾸는 것을 의미한다. 태세 전환의 유효성은 무기·장비, 편성, 전투준비 등의 물리적인 태세와 사기, 전투의지 등의 정신적인 태세를 동시에 얼마나 빠르게 바꾸는가에 달려 있다. 이는 변화된 상황에 민첩하게 적응해 전투력을 적시에 운용하기 위한 능력으로 전장실상 이해와 올바른 인식, 유연한 사고 계획과 행동의 융통성 발휘에 의해 강화된다.

평시에서 전시로의 전환은 공격(방어)작전에서 방어(공격)작전으로 전환하는 것보다 광범위하고 많은 시간과 노력이 소요되지만, 어떤 것이 더 중요하다고 할 수 없이 두 경우 모두 빠르고 효과적으로 수행할 수 있어야 한다. 또한 어떤 경우든 충분한 예측과 준비를 통해 실시간 전환소요를 최소화해야 한다.

방어준비태세가 순차적으로 진행되지 않을 수도 있고, 공격(방어) 중에도 방어(공격)로 전환하거나 특정 제대에서는 공격과 방어를 동시에 수행한다는 인식과 대비가 필요하다.

공격작전과 방어작전을 동시에 준비하라.

공격작전과 방어작전은 전투 개시시점의 작전유형일 뿐, 전투가 종결될 때까지 하나의 작전유형이 지속될 수는 없으며, 수시로 교차 또는 동시에 수행된다. 공격작전과 방어작전, 공격작전명령과 방어작전명령을 구분해 훈련한다면 심리적으로 작전유형의 구분을 더욱 확고하게 해 과오를 유발한다. 공격작전과 방어작전이 단절되어 구분 수행된다는 것은 난센스다.

공격작전과 방어작전이 동시에 수행되고 수시로 전환된다는 인식은 다행히 KCTC전투경험이 계기가 되었다. KCTC전투는 공격작전 또는 방어작전으로 시작할 뿐, 실제 전장을 구현하기 위해 공격작전과 방어작전을 단절해 따로 수행하지 않음으로 해서 공격작전과 방어작전이 동시 또는 교차해 수행된다는 것을 체험하게 한다.

전장실상을 제대로 이해한다면 공격작전명령과 방어작전명령을 구분하지 않고 작전명령이라고 해 공격작전과 방어작전을 동시에 준비하고 언제든지 전환할 수 있는 능력을 갖춰야 한다. 공격(방어)작전 시 당장에는 어느 한쪽의 작전 운용소요가 없더라도 방어(공격)작전에 필요한 장비와 물자는 지속지원시설 등에서 보유해 즉시 운용할 수 있도록 준비해야 한다.

예컨대, 공격작전과 방어작전은 공통의 준비소요 외에 공격작전에서는 장애물 제거를 위한 미클릭 등 개척장비, 방어작전에서는 지뢰 및 철조망 장애물 등이 추가 또는 더 많이 필요하다.

전술예규를 작성하고 적용태세를 갖춰라.

실전적 훈련을 한다면 전투 간 발생하는 대부분의 상황이 예측 가능하다. 그런데도 발생 가능한 상황예측 없이 훈련할 때마다 같은 상황을 반복하면서도 매번 처음 직면하는 것처럼 해 그때마다 계획하고 조치하는 행위는 대부분의 부대에서 공통으로 나타나는 현상이다. 이러한 방식의 훈련으로는 전장의 어떤 상황에도 유효하게 대응할 수 없다.

상황에 따라 기준이 되는 계획이 없음으로 해서 민첩성도, 완전성도 모두 잃게 된다. 긴박한 가운데 계획으로부터 행동에 이르기까지 많은 시간과 노력을 투입하고도 적절하게 대응할 수 없게 된다.

이를 극복하기 위해서는 전술예규[1]를 적절히 활용해야 한다. 전술예규에 반영한 내용을 기초로 전투실시간 변화된 상황에 따라 부분적인 수정으로 즉시 적용할 수 있도록 해야 한다.

전술예규 반영소요는 전투 간에 반복적으로 발생하는 상황 또는 주요 상황이 될 것이며, 표준화된 방법과 절차, 준비소요를 세부적으로 반영해야 한다. 이는 전투수행방법과 절차가 명시되지 않은 작전계획과는 차별화된다. 대표적으로는 적 공격준비사격 및 대응, 적 무인기 식별 및 대응, 전투력 복원, 화학공격 대응, 작전로 확보, 병참선 방호, 중요시설 방호, 장애물 개척, 공중강습작전, 전상

1) 전술예규는 작전을 수행함에 있어 공통적으로 적용해야 할 반복적인 활동에 대해 방법과 절차를 규정한 것이다. 이는 전투의 효율성과 효과성을 높이는 중요한 도구로서 임무를 빠르고 효과적으로 달성할 수 있게 한다.

자 처리, 주민이동 등 대부분의 상황이 해당할 것이다. 물론, 유사한 내용으로 부대별 야전예규나 위기조치예규, 전투세부시행규칙, 임무수행철 등에 부분적으로 반영되어 있기도 하지만 내용의 구체성은 미흡하고 활용도는 높지 않다.

전술예규는 새로운 상황의 식별, 전투편성 조정과 전투수행방법 발전에 따라 지속 보완하고 최신화해야 한다. 동시에 소요물자, 장비 등을 빠짐없이 준비하고 최상의 상태를 유지해야 한다. 예컨대, 공중강습 임무가 있다면 패스트로프[2] 장착대와 인양장비는 누가 어디에 보관하고 있으며 어떤 경로로 확보할 것인지, 인양전문가는 양성되어 있는지 등 명확히 하고, 예행연습과 검증[3]을 통해 제한사항을 식별해 조치하고 숙달해야 한다. 전술예규에 반영한 일반적이고 표준화된 전투수행방법은 상황에 따라 빠르게 수정·활용할 수 있어야 한다.

계획은 깊이보다 폭을 넓게 하라.

전투는 창의성과 유연성, 적응력을 요구한다. 적과 처음 접촉한 후에도 가정에 기초한 최초의 작전계획이 그대로 유효할 개연성은

2) 패스트로프는 헬기가 이륙한 상태에서 병력이나 물자, 장비를 헬기에 장착된 장착대에 굵은 로프를 설치하고, 이를 이용해 지상으로 강하하는 전투수행의 한 방법이다.

3) 예행연습이나 검증 없이 전술예규에 반영한다든가, 검증 없이 정상적으로 이뤄질 것이라고 판단하면 실시간 난관에 봉착할 수 있다.

거의 없다. 적의 행동, 마찰과 불확실한 상황에 적응하기 위해서는 기본계획 외에 여러 개의 보조계획을 준비해 유연하게 대응할 수 있어야 한다. 즉, 세부적인 하나의 계획보다는 다수의 포괄적인 계획이 필요하다. 여러 개의 보조계획을 준비하고 있다가 상황변화에 따라 가장 적합한 계획을 선정해 유효화하고, 부분적인 수정을 통해 적용할 수 있어야 한다.

자칫, 계획수립과정에서 여러 개의 보조계획을 수립하기보다는 하나의 계획을 세밀하게 작성하는 데 노력을 집중하는 과오를 범하게 된다. 이 경우 하나의 계획을 세밀하게 수립했지만 전투가 시작되면 그대로 적용할 수 없다는 것을 경험한다. 세밀한 계획이 필요 없다고는 할 수 없으나, 가정에 기초한 최초계획이 전투실시간에 그대로 적용될 개연성이 없고 새로운 계획을 수립하기 위한 시간의 제한을 이해한다면, 기본계획의 구체화 노력의 정도를 조절하고 다양한 보조계획수립에 더 많은 노력을 기울여야 한다.

"꾀 많은 토끼는 위기를 모면하기 위해 세 개의 굴을 준비한다"는 고사성어(故事成語) '교토삼굴(狡免三窟)'은 군사적으로 해석할 만하다. 언제든지 닥칠 수 있는 위기상황을 극복하기 위해 다양한 선택지를 준비해야 한다는 것이다.

다양한 우발사태를 상정해 여러 개의 보조계획을 준비하고, 하나의 세밀한 계획보다는 여러 개의 포괄적인 계획을 준비함으로써 예측이 어렵고 시간적인 제한이 있는 전장에서 신속하게 대응할 수 있다.

지형과 기상 극복능력을 구비하라.

전장의 악조건 지형과 기상 극복, 장비를 정상적으로 관리하고 운용하기 위한 훈련은 충분치 않다. 체력단련을 위한 노력에도 불구하고 전장에서 유효성이 부족하다는 것은 전투에 특화된 체력단련이어야 한다는 것을 의미한다. KCTC전투 이전 부대훈련[4]을 통해 충분한 체력단련을 했다고는 하지만, KCTC전투에서 적과 교전 이전에 악조건의 지형과 기상으로 인해 체력은 물론, 전투의지까지 상실해 더 이상 전투력을 발휘할 수 없는 상황은 자주 목격된다. 또한 악조건의 지형과 기상에서 전투장비 운용 및 고장장비를 정비하는 어려움에 직면하기도 한다.

표준화된 체력단련 프로그램 외에 임무수행과 관련된 악조건의 환경에서 전투체력을 단련하고, 각종 장비를 정상적으로 운용할 수 있도록 훈련하는 것이 최선이다.

한편, 작전지역은 수시로 바뀔 수 있다는 점, 잘 알고 익숙한 작전지역이라도 여러 요인에 의해 지형과 기상의 변화가 있을 수 있다는 점을 이해해야 한다. 변화의 과정 전반에서 악조건에 노출되는 훈련을 통해 경험을 축적하고 적응력을 길러야 한다.

---

4) 부대훈련은 부여된 임무를 효과적으로 수행하기 위해 전술·전기를 조직적으로 수행할 수 있도록 체득한 지식과 기술을 숙달하는 훈련으로 개인훈련과 집체훈련으로 분류된다. 개인훈련은 병 훈련과 간부 훈련, 집체훈련은 장비 위주 집체훈련과 전술훈련으로 구분한다.

암중기동능력을 구비하고 소리를 차단하라.

전투는 주간(야간)과 야간(주간) 중단 없이 지속된다. 따라서 공자든 방자든 주·야간의 기상조건을 활용하거나 극복방법에 관심이 집중될 수밖에 없다. 공자는 노출을 방지하기 위해 주간을 야간화하고, 방자는 적을 노출시키기 위해 야간을 주간화하려는 속성이 있다. 공자는 연막에 필요한 탄약과 장비소요가 많지만, 방자에게는 조명에 필요한 탄약과 적외선 관측장비 등의 소요가 많은 것도 이러한 이유다.

그러나 주간을 야간화하려는 공자의 속성에도 불구하고 야간의 어둠을 활용하지 못하고, 오히려 위험성이나 어쩔 수 없다는 등 이유로 노출을 대수롭지 않게 여기는 사례가 빈번하다. 방자도 마찬가지다.

KCTC전투에서 전문대항군[5]이 "적(전투훈련부대)을 찾는 것은 어려운 일이 아니었다. 대부분은 손전등이나 차량 불빛에 의한 것이었고, 장비운용이나 대화하는 소리로도 적의 위치를 식별할 수 있었다"라고 할 정도로 불빛과 소리는 노출의 주된 원인이다. 여러 번의 전투를 통해 암중기동과 소리 차단의 중요성을 인식하고 있는 전문대항군은 불빛과 소리 없이도 야간 활동에 익숙하다.

평시 암중기동능력을 기르고 방향탐지 및 유지가 가능하도록 훈련해야 하지만, 실전적 사고보다는 '안전'이라고 해 일정부분 허용

5) KCTC 전문대항군은 북한군 편성으로 북한군 전술을 구사하는 전투훈련부대의 카운터파트 역할을 수행한다.

함으로써 경험하거나 숙달할 기회가 없다면, 전장에서도 잘못된 행동이 그대로 재현된다.

모든 병력이 야간투시경을 보유하고 있으면 좋겠지만, 그렇지 못한 상황에서 야간에 손전등 없이 잘 활동하는 병력의 방법을 공유할 필요가 있다. 또한 전장에서 운용되는 모든 기동장비는 등화관제등을 장착하고, 이를 이용한 야간 기동능력을 갖춰야 한다.

야간투시경, 등화관제등, 저소음발전기 등의 충분한 보급이 이루어져 여건이 조성되기 전까지는 수신호, 야간 전술보행, 보측과 참고점 활용, 기동장비의 야간 기동숙달, 방음재활용 등으로 감소시킬 수 있어야 한다.

지휘관(자) 임무대행체계를 확립하라.

전장에서 지휘관(자)의 유고는 빈번하게 발생한다. 임무를 대행할 수 있도록 누군가를 지정하고 훈련해야 하지만, 관심이 부족하다.

지휘관(자)이 유고되었다는 것은 지휘통제기능의 마비를 의미한다. 지휘관(자)이 유고되면 서로의 얼굴만 쳐다볼 뿐 아무것도 할 수 없는 상황이 된다. 이러한 경우 지휘권을 승계한 대행임무 수행자가 즉각적으로 등장하는 자체만으로도 아무것도 할 수 없는 상황은 해소될 수 있다. 그러나 그가 대행임무수행능력을 갖추고 있지 않다면 해소된 상태는 오래가지 않는다. 대행임무 수행자는 순서를 정해 다수를 지정하고 능력을 갖춰야 한다.

대행임무를 제대로 수행하기 위해서는 수행할 직책에 맞게, 즉 작전계획을 수립할 때부터 대상자 모두가 참여해 전반적인 계획을 이해하고 상황별로 무엇을 어떻게 해야 하는지를 판단하고 행동할 수 있도록 훈련해야 한다. KCTC 전문대항군은 협동동작조직[6] 간 각개 전투원까지 참여해 "우리 계획은? 계획대로 되지 않으면? 상대가 이렇게 하면? 대대장(중대장, 소대장)이 유고되었으니 승계자가 무엇을 어떻게 할 것인지 대응하시오" 등 작전 전반을 공유하고 지휘권 승계 순서 숙지 및 임무수행이 가능하도록 훈련한다. 또한 전문대항군은 지휘권 승계뿐만 아니라 사수, 부사수, 탄약수 등 주요 화기 및 장비의 간단없는 운용을 위해 임무승계 또는 임무병행이 가능하도록 훈련되어 능력을 갖추고 있다.

표적위치결정능력을 구비하라.

KCTC전투에서 "다량의 사격을 했지만 적의 피해는 없다. 미미하다"라고 해 의문을 제기하기도 한다. 사격결과를 알 수 없었던 전통적인 훈련방법[7]에서는 생각할 수 없는 일이다. 사격결과를 확

6) 협동동작조직은 북한군 용어로서 지휘관이 부여된 임무를 성공적으로 수행하기 위해 전투 간에 각 부대들의 전투행동을 시간, 장소, 임무별로 일치하도록 조직하는 것으로 상황 변화에 따라 야기되는 추가적인 임무수행에 적합하게 상황조치개념으로 조직하는 활동이다.

7) 전통적인 훈련방법은 실전적 훈련의 제한을 극복하기 위한 수단인 첨단

인할 방법이 없었으니 사격하면 표적에 탄착되지 않을 수 있다는 경험은 당연히 없다. 처음 경험하는 과학화전투훈련에서 의문을 제기하는 것이 당연할 수도 있다. 그러나 전사를 통해서도, 교전모의가 정확한 KCTC전투결과 데이터에 의해서도 이러한 의문은 사실로 확인된다.

포병이 사격하고 탄착되기까지는 관측자에 의한 표적식별 및 표적위치결정, 사격요구, 포진지에서의 사격, 관측자의 피해 확인과정을 거친다. 과정수행 중 어느 한 부분에서라도 정상 작동되지 않는다면 목표한 지점에 탄이 떨어질 리가 없다. "어디에 문제가 있는 것일까?" 대부분은 표적위치결정의 문제, 그 다음이 포진지의 사격문제다. 포진지의 미숙한 사격은 훈련수준과 관련된 것이지만, 잘못된 표적위치결정은 아무래도 훈련만으로 해결하기에는 무리다.

전문적으로 훈련된 관측반이라 해도 정해진 지역에서 몇 번의 훈련을 통해, 생소한 지역에서 그것도 야간에 표적위치를 정확히 결정해 내기란 쉬운 일이 아니다. 전문적으로 훈련되지 않은 소부대의 관측자(전투원)라면 더욱 어렵다.

사격과정과 결과를 데이터에 의해 확인할 수 있는 과학화된 사격훈련체계 하에서 다양한 지역과 주·야간 교차 등 환경을 바꿔가면서 표적위치결정 및 사격능력을 향상하는 것이 우선이지만, 표적위치결정의 문제는 상급부대 및 정책부서에서 '거리측정기'처럼 자동으로 표적위치가 산출되도록 하는 가칭 '표적위치결정기'를

과학기술을 적용한 과학화전투훈련방법과는 구분되는 기존의 재래식 훈련방법을 의미한다.

개발해 전투원에게 보급한다면 상당부분 해결될 것이다. 많은 예산을 투입해 전력화한 화력수단이 표적위치결정의 제한으로 기능을 발휘하지 못하는 일이 발생해서는 안 된다.

실질적인 피아식별방법을 강구하라.

피아식별에 대한 중요성이야 귀가 닳도록 들어왔지만, 교범이나 작전계획(명령) 등에 제시된 일반적인 방법이 유효한지에 대해서는 의문이다. 처한 상황이 다양해 표준화된 절차를 수행하기 어렵고, 그래서 더 치밀하게 검증하고 방법을 발전시켜 적용하지 않으면 안 된다. 피아를 식별하지 못해 발생하는 우군 간 피해는 이미 '전장실상'에서 언급한 것과 같이 치명적인 결과로 나타난다. 전투가 적을 상대로 하는 만큼, 피아식별이 되지 않고서는 전투행위 자체가 무의미하다.

지금까지는 늘 하던 대로 암구어, 합구어, 직책표시, 신호규정, 상호 연락체계 등 방법이 활용되었다. 그나마도 이러한 방법을 제대로 활용하는 사례가 많지 않다는 것이 KCTC전투를 통해 입증되었다.

아군끼리 공자와 방자가 되어 약속한 것처럼 하는 훈련, 교전결과를 알 수 없는 전통적인 훈련방법으로는 피아식별의 어려움을 경험할 수 없고 문제의식이 생기지 않는다. 야전에 일부 소대급 및 중대급 과학화전투훈련[8]체계가 도입되어 일정부분 교전결과를 알 수 있게 되었지만, 피아식별의 중요성을 알고 있는 것만큼 문제를 심각하게 생각하거나 해결방법을 찾기 위한 노력은 부족하다.

피아를 정확히 식별하기 위해서는 우선은 현재의 피아식별방법이 효과적으로 활용되도록 숙달하면서 적 전술을 이해하고, 첨단 과학기술과 부대별 특성을 고려해 유효하고 실질적인 식별방법을 강구해야 한다.

피아식별방법을 발전시킬 때는 혼재된 다수의 부대가 협조된 작전을 수행한다는 측면에서 오히려 혼란을 유발할 수 있어 고민이 필요하다. 혼란스럽고 급박한 상황에서 일반적으로 활용 중인 방법 외에, 즉각적으로 인지가 가능한 특정화기에 의한 사격 신호, 위치보고접속장치(Positioning Report Equipment: PRE) 활용 등을 착안해야 한다. 또한 무전기 신호 및 부호체계, 무전기 송수신 인증 프로토콜, 군복과 장비의 색상·표식 등 특정 패턴과 표식의 활용 등 방법을 종합적으로 활용해 정확도를 높여야 한다.

한편, 철저한 사격통제 또한 중요하다. 인접 전투원의 사격에 덩달아 사격하는 심리는 반사적인 행동을 유발하기 때문이다. 철저한 사격통제가 피아를 식별하는 직접적인 방법은 아니지만, 아군에게 사격하도록 만들지는 않는다.

---

8) 과학화전투훈련은 포괄적인 개념인 과학화훈련의 한 분야로 실기동모의훈련을 지칭한다. 과학화훈련은 LVCG, 즉 실기동모의훈련(Live Simulation), 가상모의훈련(Virtual Simulation), 워게임모의훈련(Constructive Simulation), 게임훈련(Gaming)체계를 적용해 현실적인 제한사항을 극복하고 전장상황의 간접체험이 가능한 훈련방법이다.

전장의 화재에 대비하라.

수목이 울창한 산악지역에서 적의 포탄 공격은 불가피하게 산불을 동반하지만 대비는 없는 현실이다. 전장의 산불은 전투력을 약화하고, 병력과 장비의 손실을 유발하는 주요 요인으로 알려져 있다. 무방비 상태로 적이 아닌 산불과 싸울 수는 없다. 산불이 발생한 환경에서 생존 가능성을 확보하고 전투력을 발휘할 수 있어야 함은 물론, 역으로 산불을 전술적으로 활용하는 방법도 발전시켜야 한다.

산불 발생을 예방하거나, 발생하더라도 피해를 최소화하고 전투력 발휘가 가능한 조치가 필요하다. 예컨대, 산불 위험에 대한 의식 고취, 방화선 구축 및 수목의 밀도를 낮추는 등 주변 환경관리, 감시병 운용 및 경고, 진화조 편성 및 장비 확보 등으로 초기 진화, 부대 간 상황공유를 위한 정보교환, 이탈 및 대피 계획, 방화포 준비 등이다. 그러나 무엇보다 새로운 지역에서의 전투를 위한 계획발전, 산불을 고려한 작전계획의 검토와 발전이 필요하다.

불에 취약한 소재로 만들어진 건물지역 화재는 수목이 울창한 산악지역보다는 덜 하겠지만, 이 역시 안전지대가 아님을 인식하고 대비해야 한다.

한편으로는 불을 의도적으로 활용하는 적 전술에 대한 이해와 산악지형이나 건물지역에서 불이 어떻게 확산하고 얼마나 빠르게 확산하는지 등의 특성을 알고, 전술적 활용성을 발전시켜 선제적으로 대응해야 한다.

전투현장응급처치능력을 구비하라.

전투 간에는 경상자, 중상자, 전사자 등 다수의 사상자가 발생하기 마련이다. 그러나 경상자 중에는 전투현장응급처치(Tactical Combat Casualty Care: TCCC)가 제대로 되었다면 회복하고 전투에 투입될 수 있는 전투원이 예상보다 많다.

개인에게 "지급된 전투용응급처치키트를 휴대하고 사용해 본 적이 있는가?" 중요성에 비해 훈련에서 실감할 수 있는 상황조성이 어려워 관심 밖에 있을 개연성이 높다. '했다 치고'로 대신했다면 나와 동료의 생존은 보장할 수 없다.

전투현장응급처치는 전투 중 발생한 부상자에 대한 현장에서의 응급처치로 이는 부상의 심각성 완화 및 생명 구조는 물론이고, 팀 내 협력 및 부대의 결속력 강화, 전투력 유지에 직접적으로 영향을 미친다.

전투상황에서는 부상자가 발생하더라도 신속하게 후송할 수 없기 때문에 현장에서 생명을 구할 수 있는 응급처치가 중요하다. 부상 시 응급처치요원 등의 도움을 받을 수도 있지만, 전투 중 도움을 받기 위해 지체할 수 없는 상황에서 무엇보다 휴대한 전투용응급처치키트를 사용해 부상 상태에 따라 스스로 또는 인접 전우에 의해 처치해야 한다. 중대 인력운반지점, 구호소로 이동하는 것은 다음의 문제다.

전사를 통해 전투현장응급처치의 중요성이 인식되면서 최근에 더욱 강조되어 이에 대한 교육훈련이 강화되고 있지만, 현장의 실태는 이를 반영하고 있지 못하다. 이러한 상황에서 2024년 5월 국군의무학교에서 수행된 한미연합 '의무종합훈련'은 의미가 매우 크다. 국군의무학교 등에서 전투현장응급처치에 대한 자료를 배포하고 방문 교육을 하는 등 여건은 조성되어 있으므로 의지를 가지고 적극적으로 훈련하고 능력을 갖춰야 한다.

악조건의 환경에서 정비능력을 구비하라.

"작전환경과 무관한 상황에서 편의 위주로 훈련하고 있지는 않은가?" 콘크리트 바닥에서 편제된 정비병과 모든 정비도구가 갖춰져 있는 등 제한이 없는 상황에서의 훈련은 전장에서 전혀 도움이 되지 않는다. 오히려 어렵게 하거나 잘못되게 한다.

하나의 예로, KCTC전투 중 자주포가 진지를 전환하는 과정에서 궤도가 이탈되는 사례가 있었다. 그 지점은 통로가 좁고, 경사가 심한데다가 비가 내린 후라 지반이 무른 곳이었다. 이탈된 궤도 정비는 그다지 어렵지 않아 운용부대 스스로 해결해야 하지만, 해결하지 못해 상급부대의 정비반까지 투입되었다. 그러나 작전이 종료되는 3일여 동안 해결할 수 없었다. "설마!" 할 수도 있겠지만 사실이다. 당시 정비팀장에 의하면 그럴 수밖에 없었던 이유가 분명하다. 그는 "지금까지 이탈된 궤도 정비 훈련은 주로 정비고 등 견고한 바닥에서 했을 뿐, 한 번도 이러한 조건에서 해 본 적이 없었다. 전장의 악조건에서 훈련하지 않은 결과다"라고 문제의 심각성을 인식하고 소감을 밝혔다. 전장의 악조건 환경에서 실전적으로 해 본 적이 없으니 당연한 결과다. 싸우는 대로 훈련해야 한다고 늘 강조하고 있지만, 야전의 실상이 그렇지 않음을 엿볼 수 있는 사례다.

전장의 악조건, 예측 불가능한 상황에서의 정비를 위해서는 평시에 전장과 같은 환경에서 훈련해야 한다.

전투장비를 상시 사용할 수 있도록 관리하라.

"전시에 운용해야 할 장비가 모두 정상적인 기능을 발휘할 수 있는가? 운용자의 능력은 충분하게 갖춰져 있는가?" 그렇지 않다면 우려된다. 또한 우려가 확인된 몇 종의 장비에 국한되었다고 확신하기도 어렵다. 첨단 장비의 평시 관리가 부실하거나 운용능력이 부족하다면 그 결과는 전투에서 여실히 실감한다. 어떤 경우는 차라리 없는 편이 낫겠다고 할 정도로 오히려 짐이 되는 사례도 있다.

예컨대, 신형정수장비의 경우 평시 분기 1회 간이 수질검사를 통해 장비의 성능을 검사하고 사용 가능상태를 유지해야 한다. 지침을 이행하지 않으면 전투 시 사용할 수 있는지조차 확인할 수 없다. ATCIS[9]-Ⅱ는 적시에 현황유지가 되어야 탑재 정보를 신뢰할

9) ATCIS(Army Tactical Command Infomation System, 육군전술지휘정보체계)는 실시간 전투지휘의 핵심수단으로 전장의 상황을 파악하고 가시화하

수 있고, 능숙하게 다룰 수 있어야 한다. 신형 차륜형장갑차는 조종자의 능숙한 조종, 적과 지형 등을 고려해 전술적으로 운용되어야 한다. 소로에 밀집되거나, 조종 미숙으로 오도가도 못하는 상황이 발생해서는 안 된다. 전력화 초기에 주로 발생하는 현상이지만 용납되어서는 안 된다.

많은 예산이 투입된 첨단장비의 효율적인 운용을 위해서는 평시 관리 및 운용지침을 이행하고 능숙하게 다룰 수 있도록 부단히 훈련해야 한다. 향후 전력화가 예정되어 있는 장비는 전력화 이전에 이러한 조건이 충족되어야 하며, 상급부대 차원에서 여건이 조성되고 엄격한 평가가 이뤄져야 한다.

한편, 최근 병영식당의 주·부식은 대부분 조리 상태로 납품되어 평시에 야전취사기구 관리는 제대로 되고 있는지, 전장에서 야전취사가 가능할지도 지속 확인하고 훈련소요를 충족해야 한다. 평시 조리기구 관리 및 운용능력을 갖추기 위한 주기적인 확인이 없거나, 훈련되지 않았다면 전장에서 굶는 일은 흔히 발생할 것이다.

는 체계로 군단~대대에서 운용한다.

개인과 부대의 경량화로 기동성을 높여라.

각종 전투장비와 개인장구류를 착용 및 휴대하는 것만으로도 행동에 제한받는다. 모든 품목을 착용하고 휴대해 본 경험이 있다면 실감했을 것이다. 행동의 제한을 받으면서 사용능력까지 부족하다면 그야말로 전투의 방해물일 뿐이다. 전투장비나 장구류의 통합 및 소형 경량화 등 개선이 요구되는 측면도 있으나, 당연하게도 임무에 따른 착용과 휴대가 필수적이다.

부대도 마찬가지다. 전투 또는 훈련을 위한 부대이동 간 적재물동량은 편제차량을 초과할 정도다. 적재된 물동량은 대부분 전투에 긴요한 것이지만, 잘 살펴보면 없어도 그만인 것도 있다. 필요성이 세밀히 검증되지 않은 많은 물동량은 어쩌면 한 번쯤 사용될 수도 있겠지만, 행동의 둔화와 기동성을 떨어뜨리고 피로를 증대시켜 전투력을 발휘할 수 없게 만든다. 전사를 통해 기동성이 전투의 승패를 좌우한다는 것은 누구나 알고 있는 사실이다.

자유로운 전투행동과 기동성을 높이기 위해서는 임무에 따라 전투장비나 장구류를 구분착용하고 전투하중 하에서 훈련해야 한다. 또한 어쩌면 필요할 수도 있어서가 아니라, 전투에 긴요한 품목을 명확히 구분해 재분류하고 체계적인 훈련이 필요하다.

공통임무는 전투원 모두가 능숙하게 하라.

적의 위협이 예상치 못한 방향에서 예상치 못한 방식으로 상시 가해지는 전장에서 모든 전투원은 병과와 직책에 상관없이 편제상의 직책수행 외에 공통으로 수행해야 할 임무를 숙지하고 훈련해야 한다.

공통임무는 위장, 소산, 진지구축, 전투현장응급처치, 화생방 방호, 경계, 수색 및 정찰, 통신 및 전령 운용, 장애물 운용, 사격과 기동, 방향탐지 및 유지, 장애물 극복, 관측 및 보고, 대전차방어, 대공방어 등이다.

공통임무는 과제별로 교범에 제시된 내용 외에 전장상황을 세밀히 분석해 요구되는 능력을 명확히 하고 능숙하도록 훈련해야 한다.

예컨대, 전령임무를 수행하기 위해서는 단순히 지시나 명령을 전달하는 능력 외에도 이동경로를 스스로 개척할 수 있어야 하고, 오토바이나 자전거 등 이동수단을 운용할 수 있어야 하고, 수색 및 경계병으로서의 역할을 수행할 수 있어야 하는 등 직면하게 될 다양한 상황에 대처가 가능하도록 능력을 갖춰야 한다.

강한 전투의지를 배양하라.

의지만으로 싸울 수는 없지만, 의지가 없다면 전투 자체가 무의미하다. 전투의지가 없는 전투원은 이미 전투원이 아니다. "사람이 많다고 되는 것은 아니다"라는 말은, 곧 일을 해낼 능력과 의지가 있는 사람이 필요하다는 의미다. 수적인 우위가 싸울 능력과 의지를 대신할 수는 없다.

전투의지는 전투수행능력을 갖춘 상태에서 왜 싸워야 하고, 싸우는 일이 얼마나 정의롭고 의미 있는지를 인식할 때 발현된다. 전투의지는 군기, 사기는 물론이고 전투승패에 영향을 미친다.

학교교육[10]과 부대훈련은 전투수행방법과 전투기술 등에 집중되어 있고, 전투의지를 함양하는 데에는 기술적 어려움으로 집중도가 떨어진다.

예컨대, 특등사수를 만드는 과정은 명쾌하지만, 임무를 달성하기 위해 위험을 감수하면서 적을 향해 끝까지 사격하는 등 전투의지를 함양하는 방법은 명쾌하지 못하고 훈련 또한 제대로 이뤄진다고 볼 수 없다.

전투의지는 눈에 보이지 않는 정신적인 분야로 정도를 평가하기 어려운 점은 있으나, 반복적인 교육을 통해 신념화할 수 있다. 전

10) 학교교육은 학교부대나 교육기관에서 임무수행에 필요한 기본지식과 기술을 습득하게 하고 잠재능력 개발을 위한 교육으로 양성교육, 보수교육, 기타교육으로 구분한다. 양성교육은 신분화교육, 보수교육은 직무교육의 성격이다.

투의지는 신념과 사명감, 자신의 임무와 목표의 명확한 이해, 자기 동기부여, 효과적인 자기관리, 긍정적인 사고 유지, 강한 전투체력, 전투원 간의 강한 유대감, 실전적 훈련과 경험, 희생과 전사정신, 강인한 윤리적 가치와 교양, 도전적이고 현실적인 목표 설정에서 비롯된다.

전투원 간 신뢰를 구축하라.

전투원 간의 신뢰는 팀의 효율성과 성공, 생존에 핵심적인 역할을 하는 조건 중 하나로써 효과적인 협력, 빠른 대응, 전투원 간의 유대감 형성, 스트레스 관리, 임무수행의 효율성, 실수와 실패의 용서, 팀의 의사소통능력을 강화한다.

전투원 간의 신뢰는 명확하고 개방적인 의사소통, 공동의 목표와 상황인식의 공유, 자기 희생정신, 서로의 능력과 역할 인정, 어려움에 대한 협력, 서로의 배경·경험·가치관 이해 등으로 형성되며 이는 일상화를 통해 구축될 수 있다.

전장에서 동료는 함께 위험을 공유하고 공동의 목표와 가치를 위해 협력할 대상이며, 내가 부상했을 때 끝까지 나를 보살필 수 있는 대상임을 인식하도록 해야 한다. 또한 서로의 능력과 한계를 이해하고 존중할 수 있어야 한다.

전투원 간의 신뢰 구축은 시간이 걸리고 지속해서 관리되어야 하는 프로세스다. 따라서 존중과 투명한 의사소통, 서로를 지지하는 문화를 조성하고 지속성을 유지하는 것이 중요하다. 일상에서 서로에 대한 이해와 공감을 증진할 수 있는 프로그램을 운영하고, 주기적인 평가와 개선방안을 마련해 보완한다면 전투원 간의 신뢰는 견고해질 것이다.

FTX 전에 Rock-Drill을 통해 보완하라.

FTX(Field Training Exercise, 야외기동훈련)는 넓은 작전(훈련)지역에서 실시되기 때문에 지휘관(자) 또는 관찰관, 평가관 등이 위치하고 있는 지점의 상황 외에 전체 상황이나 일련의 과정을 확인할 수 없다. FTX의 이러한 특성은 최종단계에서 숙달에는 긴요하지만, 취약점을 도출해 보완하는 데는 제한을 준다. 따라서 훈련의 최종단계라 할 수 있는 FTX 전에 전체 상황과 일련의 과정을 확인하는 이전 단계의 훈련을 통해 취약점을 식별하고 보완해야 한다. 이전 단계를 거치지 않고 바로 FTX를 한다면 잘못된 전투행동인지를 알지 못한 채 숙달하게 되어 할수록 손해나는 결과가 된다. FTX는 기본적으로 과제단위 또는 국면별, 상황별로 전투수행방법을 완전하게 보완한 후에 실시하는 전술훈련의 최종단계임을 인식해야 한다.

과제단위, 국면별, 상황별 전투수행방법을 검증하고 보완하기 위해서는 축소된 지형에서 전투대형[11]으로 이동하면서 수행해야 한다. 조치과정에서 전투력 운용의 취약점 및 제한을 도출하고, 우발사태를 포함해 다양한 상황을 상정하고 최적의 전투수행방법을 정립하도록 실기동 워게임개념으로 진행해야 한다. 이러한 훈련방법이 Rock-Drill[12]이다. Rock-Drill은 지휘관(자) 또는 관찰관, 평가관 등이 가시범위 내에서 상황별로 작전수행과정 전반을 관찰하고 지도할 수 있다는 장점이 있다. 또한 작전수행과정에서 발생할 수 있는 예상치 못했던 상황을 식별하고, 최적의 방법으로 대응할 수 있는 능력을 갖추게 한다. Rock-Drill결과 목표수준에 도달했을 때 비로소 다음 단계인 FTX를 해야 하며, Rock-Drill을 통해 정립된 전투수행방법을 FTX를 통해 숙달해야 한다. Rock-Drill 없이 실시하는 FTX는 성과를 기대할 수 없다.

---

11) 전투대형은 부대의 통제 및 전술적 운용을 효과적으로 향상시킬 수 있는 전개대형으로 종대대형, 횡대대형, 삼각대형, 역삼각대형, 좌(우)제차대형 등이 있다.

12) Rock-Drill은 지형을 이용한 전술토의로 주로 대부대에서 실시하는 작전개념 예행연습인 ROC-Drill과는 다른 개념이다.

2-2

이겨놓고 싸우는 전투행동

이는 완전한 전투준비를 통해 이길 수 있는 형세, 즉 적을 압도하고 우위를 확보한 후에 최종적으로 승리를 확인하는 행위다.

'이겨놓고 싸우는 전투행동'은 상황을 예측해 준비하고, 계획과 전투수행방법의 지속적인 조정, 자원의 관리, 팀 협력, 강한 전투의지, 응용력, 유연성과 창의성 발휘 등을 통해 달성된다.

예측하고 대비하라.

이는 불확실한 전투상황에서도 가능한 많은 변수를 고려해 예측[13]하고, 예측한 상황에 따라 계획 및 전투수행방법을 조정 또는

13) 예측과 관련해 프로이센의 군주 프레데릭(Frederick Ⅱ or Frederick the Great, 1712~1786)은 "항상 적의 의도를 예측할 수만 있다면 아무리 병력이 열세하다 해도 싸울 때마다 우세한 지위에 설 수 있다"라고 해 예측의 중요성을 강조했다.

발전시켜 행동하라는 측면을 강조한다.

예측은 현재 및 과거 상황을 기반으로 상황을 종합적으로 평가함으로써 현재에 식별되지는 않았지만 어떤 일이 일어나고 있는지, 미래에 어떤 일이 벌어질 것인지를 판단하는 것으로, 효율적인 전투력 운용을 할 수 있게 한다. 예측은 상황인식의 강화, 우발사태 대비, 팀의 예행연습 및 준비여건 보장, 통합된 지휘 및 통제를 보장해 현재 및 미래의 불확실한 상황에 효과적으로 대응할 수 있게 한다.

예컨대, 아군의 종심에서 적 침투부대를 식별하거나 전선의 적 부대 기동이 식별되었다면 적의 장애물 개척 시도, 땅굴 침투가 개시되고, 적의 공격준비사격이 곧 시작될 것으로 예측할 수 있어야 한다. 이러한 예측은 표적식별, 공격준비파괴사격과 같은 대응과 효과적인 전투력 운용을 가능하게 한다.

한편, 주요 국면이나 상황에 대한 대응결과, 전투결과를 예측하고 전투력 운용계획을 발전시켜야 한다. 즉, 적과 아군의 상태를 예측하고 다양한 전투력 운용방법을 구상해 부분적인 수정으로 지체 없이 바로 적용할 수 있어야 한다. 이어지는 전투의 예측과 대응계획 없이 현재의 상황조치에만 집중한다면 해당 국면이나 상황, 전투결과 성공적이었다고 해도 이후 전투력 운용에 대한 실시간 계획 등으로 민첩성도 완전성도 달성할 수 없다.

상황을 과소, 유리하게 평가하지 말라.

이는 전장에서의 의사결정과 행동에 있어서 신뢰성과 효율성을 강화한다. 또한 객관적이고 현실적인 상황평가를 통해 상황에 부합한 전투수행방법을 적용하고 안정적으로 대응할 수 있도록 한다.

무질서, 마찰과 불확실의 전장에서 각종 수단에 의해 보고된 첩보가 정확할 개연성은 거의 없다. 잘못된 보고와 잘못된 상황평가가 수시로 발생되고, 어떤 경우는 식별된 상황이 슬그머니 사라져 버리기도 한다.

예하부대의 부정확한 보고가 상황을 잘못 평가하도록 작용하기도 하지만, 보고의 진실성을 지휘관(자) 스스로 대응할 수 있느냐의 여부를 기준으로 왜곡 평가하기도 한다.

전장의 상황을 과대 또는 불리하게 평가해서도 안 되지만, 과소 또는 유리하게 평가하는 것은 더 위험하다.

한편, 전장에서 발생한 모든 상황, 즉 개별 상황은 물론이고, 시간과 공간을 망라해 전장을 가시화하고, 전체적인 상황을 이해하고 연관성을 종합적으로 평가해야 한다. 이는 다각적인 정보수집 및 분석, 정확한 상황인지, 미래에 일어날 상황예측, 객관적인 판단과 신속한 의사결정을 통해 성공적인 임무수행에 기여한다. 동시에 상황을 과대 또는 불리하게, 과소 또는 유리하게 평가할 개연성을 감소시킨다.

상황을 종합적으로 평가하기 위해서는 기본적으로 임무변수[14]에 기초해야 한다. 즉, 임무, 적의 위치와 활동, 지형 및 기상, 아군의 상태와 위치, 자원 및 보급상태, 다양한 출처의 정보수집 및 통신상태, 부대 간의 협력과 지원 등을 고려해야 한다. 또한 발생한 상황의 현상은 물론이고, 상황 간의 관계, 적의 기만행동 여부, 상황의 중요성과 영향력, 식별하지는 못했지만 발생하고 있을 상황 등을 종합적으로 분석하고 평가해야 한다.

전장의 상황을 종합적으로 평가하지 못한 채, 단편적, 즉흥적으로 부대를 운영하면 상황에 적절히 대응할 수 없을뿐더러, 전투력의 무모한 전환으로 해당 전투력 운용지역의 현행작전 공백을 발생시키면서 우왕좌왕하다가 전투력만 낭비하는 결과가 초래되기도 한다.

상황평가와 관련해 독일군 장군 롬멜은 "피아 간의 지휘관에 있어서 어느 쪽이 더 두뇌가 명석한가가 아니라, 어느 쪽이 더 전장상황을 명확히 파악하고 있느냐가 문제다"라고 해 상황평가의 중요성을 강조했다.

작전목적과 이유를 상기하라.

전장에서 작전목적과 이유를 상기하는 것은 목표달성을 위한 방향과 지침을 명확히 하고, 전투에 참여하는 동기 이해, 빠르고 건전한 의사결정, 자발성과 창의성을 유도함으로써 높은 집중력과 전

14) 임무변수(METT-TC)는 작전을 수행하는 데 필요한 구체적인 정보로서 임무, 적, 지형 및 기상, 가용부대, 가용시간, 민간요소 등이다.

투의지를 강화하고 효율적인 전투수행을 가능하게 한다.

작전목적을 망각하면 전투를 왜 하는지의 이유와 행동방향을 잃게 되어 목표한 최종상태[15]에 도달할 수 없게 된다.

예컨대, 방어작전 간 상대적 전투력 우세를 달성할 목적으로 정보활동을 집중해 적의 주타격방향을 식별하는 데 노력을 기울인다. 그러나 정작 주타격방향을 식별하고 나서는 작전목적을 망각하고 해야 할 대응을 하지 않거나 소홀하다. 이는 마치, 주타격방향 식별 그 자체가 목적처럼 되어버린 경우다. 또한 적의 공격준비사격 시 대피호에 대피하는 것은 생존을 보장받고, 궁극적으로는 적의 공격을 저지하기 위한 목적이지만 생존 자체가 목적처럼 되는 사례도 있다. 아군의 최초 진지 도달 시까지 공격준비사격을 지속한다는 적의 전술과 적이 최초 진지 도달 전에 저지・격멸한다는 목적을 상기한다면, 적의 공격준비사격이 지속되는 상황에서 종료될 때까지 대피호에 머물 것이 아니라, 상황에 따라서는 대피호에서 나와 진지를 점령하고 적의 공격에 대비해야 한다. 적의 공격준비사격은 적이 아군의 최초진지 도달 시까지 계속된다고 볼 때, 적의 공격준비사격이 종료되는 시점에 대피호에서 나와 진지를 점령한다면 적은 이미 내 앞에 있을 것이기 때문이다.

전투 전반에서 작은 행동 하나라도 왜 하는지, 무엇 때문에 하는지, 작전을 수행하는 목적과 이유를 분명하게 상기해야 한다. 이는 명령과 지시가 없더라도 임무와 역할을 수행할 수 있게 한다.

15) 최종상태는 작전수행의 결과로 임무를 완수하고 작전목적이 달성되었을 때 나타나야 할 구체적인 요망상태다.

상황에 따라 계획을 변경하라.

반복하지만 전장의 상황변화는 예측할 수 없을 정도로 심해 정형화된 계획과 방법을 일률적으로 적용할 수 없다. 독일군 장군 몰트케(Von Moltke, 1848~1916)가 "적과의 첫 번째 전투를 치른 후에도 계속 유효한 계획은 없다"라고 할 만큼 최초계획은 계획일 뿐, 전투가 개시됨과 동시에 유효할 개연성은 거의 없다.

전투실시간에 새로운 계획을 수립하고 준비할 만큼 시간이 허용되지 않는다. 따라서 준비된 계획을 기초로 현실과의 간격을 줄이기 위한 계획변경이 필요하다. 그러나 대부분의 지휘관(자)은 계획을 변경하는 데 인색하다.

이전과 동일한 상황이란 있을 수 없으며, 동일한 상황이라고 해도 전투가 같은 방법으로 치러질 수 없음을 인식하고 상황에 따라 유연하게 대응해야 한다. 전장에서 계획을 유연하게 변경해 적용하는 능력은 효과적인 지휘통제, 효율적인 전투력 운용의 핵심이다. 전투수행방법도 마찬가지다.

원리 · 원칙을 응용하고 창의성을 발휘하라.

교리의 기본 원리 · 원칙은 수많은 전쟁을 통해 일반화한 것으로 특정상황에 수정 없이 그대로 적용해서는 안 된다. 원리 · 원칙을 알아야 하지만 이를 맹목적으로 따르고 집착한다면 실패한다. 그런 상대를 대응하는 것은 쉬운 일이다.

“교리는 권위는 있으나 적용 시에는 판단이 요구된다”라고 해 맹목적으로 적용해서는 안 된다고 분명히 하고 있다. 즉, 이론적 전술지식[16]의 원리 · 원칙을 아는 것도 중요하지만 원리 · 원칙을 전장상황에 맞게 응용하고, 창의적으로 변경 · 적용하는 경험적 전술지식[17] 기반의 전투행동 또한 중요하다. 그러나 전장에서 이를 구현하는 경우는 많지 않다. 평시 훈련에서 많은 경우 최적화되지 않은 잘못된 평가의 경험적인 요소가 작용해 평가에 부정적일 수 있다는 생각, 교리의 “기본 원리 · 원칙과 교범의 예시를 벗어나면 엉뚱한 생각으로 치부되어 비난받을 수 있다”는 두려움 때문일 수도 있다. 이렇게 학습되었다면 사고와 행동이 전장에서는 다를 것이라고 기대해서는 안 된다.

원리 · 원칙을 알고 전장에서 이를 응용하고 창의성을 발휘해 자신 있게 싸우는 능력은 전투전문가의 기본적인 조건이다. 훈련결과나 평가결과에 관심두지 않고 오로지 “적을 이길 수 있는가?”에 기준해 결심하고 거침없이 대응하는 용기가 필요하다.

교범에 제시된 원칙은 기본원칙일 뿐이고, 각종 예시는 직관적으로 이해하도록 제시한 것으로 맹목적으로 따라서는 안 된다. 예컨대, 교범의 “병력 · 화력 · 장애물을 통합 운용해야 한다”는 원칙대로 모든 요소를 통합하면 전투력의 상승효과를 기대할 수 있으

16) 이론적 전술지식은 군사서적이나 교리문헌을 통한 아는 것과 관련된 전술지식이다.

17) 경험적 전술지식은 스스로 또는 타인의 실전경험이나 실전환경에서의 경험을 통한 전장에서 행동하는 것과 관련된 전술지식이다.

나, 통제할 곳은 많고 자산이 부족하다면 중요도와 우선순위에 따라 통합 또는 개별 적용할 수 있어야 한다는 것은 누구나 생각할 수 있다. 그러나 교범의 원칙에서 벗어난다는 생각으로 주저한다.

또 다른 예로, "지뢰지대는 탐침이나 장비를 이용해 개척한다", "적지종심지역작전부대는 적지에서 장기간 임무수행을 위해 비트를 구축한다"는 등의 원칙은 그 일을 해낼 수 있는 조건이 충족되었을 때에 한해 할 수 있는 행동이다. 영하의 추운 기온에 탐침이나 장비가 없다면 탐침을 대체할 수 있는 무엇인가를 사용할 수 있어야 하고 그것도 가용하지 않다면 지뢰의 압력뿔에 물을 뿌려 동결시켜 극복하고, 동계에 은밀하게 지면을 굴토할 수 없으니 낙엽이나 눈 · 얼음 등 다른 방법으로 은신처를 구축할 수 있는 응용력과 창의적 사고가 필요하다.

원칙을 맹목적으로 따르는 평가기준에서 조금이라도 벗어나면 감점된다는 훈련(평가)경험은 응용력과 창의력 발휘를 제한하고 전장에서 유효하지 않을 기계적인 사고를 하게 만든다.

민간의 사례 중 기차에 화재가 발생한 경우, 비록 지침서에 "화재 발생 최단시간 내에 멈춘다"라고 명시되어 있더라도 터널 내 멈춤으로 인해 발생할 더 큰 위험을 예상하고 터널 진입 전이나 이탈 후에 멈출 수 있어야 한다. 이것이 전문가다운 사고와 조치다. "지침대로 수행하는 것이 최선이다"라고 한다면 책임을 면할지는 몰라도 많은 인명피해를 발생시킨다.

실패한 방책을 반복하지 말라.

이는 경험을 토대로 지혜를 얻고, 더 나은 전술을 찾으라는 것이다. 이를 준수함으로써 실패를 반복하지 않고 더 효과적으로 임무를 수행할 수 있다.

실패한 방책이란 전투에서 피를 지불하고 알게 된 중요한 교훈이다. 이 교훈을 무시하고 실패한 방책을 반복한다면 같은 결과를 가져올 가능성이 높다. 이미 실패한 방책이 있었다면, 이를 고수하기보다는 원인을 분석해 새로운 방책을 마련하고 창의적인 해결책을 강구함으로써 유사한 상황에서 반복되는 실패를 피할 수 있다.

실패한 방책을 반복하는 것은 정형화된 틀에 집착하고 원리 · 원칙을 맹목적으로 따르는 것과 함께 유효할 개연성이 없으며 무모하다.

임무달성에 필요한 것을 요구하고 확인하라.

"언제까지 목표 어디를 확보해 어떤 부대의 초월을 지원하고, 차후작전을 위한 전투력을 보존하라"라는 명령에 "예"라고 답하기 전에 어떤 "궁금증을 가져본 경험이 있는가?" 명령제대에서 "임무수행 단계별로 적 상황을 얼마나 제공해 줄 수 있는지, 상급부대에서 무엇을 언제 어떻게 지원해 줄 것인지" 등에 대한 궁금증이 있어야 하는 것은 당연하다. 임무달성에 필요한 구체적인 사항에 대한 궁금증이 없다면, 임무달성에 필요한 상급부대의 지원이 없거나 모르는 상태라면, 임무수행 자체가 어려울 수 있다. "예"라고 대답하기 전에 필요한 사항의 지원 여부 등 궁금증을 해소하고, 추가적인 요구가 있다면 해야 한다.

명령제대는 예하부대 임무수행 간 상급부대에서 목표의 정확한 대상과 범위, 목표상의 적 전투력 등 적 상황, 적의 전투력을 약화하기 위한 화력운용, 목표 진입을 위한 여건조성과 추가적인 전투력 할당, 목표 확보 후 요망 전투력수준 등 구체적인 상황과 여건조성계획을 명령과 함께 명확히 제공해야 한다. 충분한 분석 없이 단순히 명령 항목에 대한 형식적 기술이어서는 안 된다.

명령이 이해되지 않거나 불분명하면 묻고 확인하라.

명령은 오해하거나 혼돈할 수 있는 소지가 없어야 하며, 명확하고 간결해야 한다고 요구하고 있다. 그러나 지나친 간결함은 이해를 어렵게 만들기도 하고, 간결함이 필요한 요소를 누락해 무엇을 어떻게 해야 하는지를 불분명하게 만들기도 한다. 이럴 때 소통을 통해 이해하고 분명히 해야 하지만, 해소하지 않은 상태라면 전투 실시간 혼란에 직면하게 된다. 명령이 간결하면서도 명확하다면 최선이지만 그렇지 않다면 묻고 확인해야 한다.

한편, 명령은 규정된 군사용어와 군대부호를 사용해야 한다. 인접 및 상하부대가 협조해 수행하는 전투는 모든 작전부대와 전투원이 공통으로 이해할 수 있도록 규정된 군사용어와 군대부호를 사용해야 한다.

명령을 생명같이 하라.

명령을 수령한 특정 부대(팀, 개인)는 동력을 전달하는 톱니바퀴와 같아 부여받은 명령을 수행하지 않으면 전체가 멈춘다. 사소하거나 수행하지 않아도 되는 명령은 없다. 수행할 수 없다면 반드시 보고하고 대안을 마련하도록 보장해야 한다.

명령을 이행하는 데에는 대부분의 경우 험준한 지형, 적의 위협 등으로 체력소모와 위험이 동반되고, 장비의 고장 등 기술적 결함이 제한을 주기도 한다. 그렇다고 해서 보고 없이 명령을 어기고 다른 선택을 한다면 전체 작전의 균형을 와해시켜 돌이킬 수 없는 지경에 이르게 된다.

항상 정찰대 등의 더듬이를 사용하라.

곤충이 더듬이를 사용해 주변의 상황을 파악한다는 것에 주목할 필요가 있다. 전투에서 더듬이란 정찰대 · 청음초 · 경계분견대 · 순찰대 등 국지경계부대,[18] 첨병 · 측위 · 후위 등과 같은 본대로부터 추진되어 운용되는 소규모 부대를 의미한다.

더듬이, 즉 국지경계부대, 추진된 소규모 부대는 전방 · 후방 · 측방의 상황을 파악하는 데 긴요한 조직으로 적, 장애물 등 위험을 감지하고 경고하는 중요한 수단이다. 따라서 부대가 있는 곳은 항상 더듬이가 있어야 하고, 더듬이를 활용해 위협 경고와 본대의 전투준비를 보장해야 한다.

정찰대 등의 더듬이를 사용하지 않는다면 전방 · 후방 · 측방의 상황을 알 수 없으며, 호랑이 입으로 들어가고 있음을 알지 못한다. 앞의 부대가 적과 교전해 전멸하더라도 상황파악이 되지 않아 계속해서 후속제대가 전멸할 수도 있고, 낭떠러지를 식별하지 못하고 연속해서 후속제대가 떨어지기도 한다. 연락체계까지 단절되었다면 이러한 현상은 더욱 심화된다.

눈과 머리를 지켜라.

눈이라고 할 수 있는 정보자산은 표적을 탐지하고 식별하는 수단으로 제대별로 다르지만 수색 · 특공 등 적지종심지역작전부대, TOD[19] · RASIT[20] 등 지상감시자산, UAV(무인항공기), ES(전자전 지

18) 국지경계부대는 적의 공격 또는 기습으로부터 부대를 방호하고 적의 접근을 경고해 주력부대가 전투태세를 갖출 수 있도록 경계활동을 위해 운용하는 부대다.

19) TOD(Thermal Observation Device, 열영상장비)는 사물이 방출하는 고유

원), AN/TPQ-36 · 37(표적탐지레이더), 방공레이더 등 다양하다. 이러한 자산이 정상적으로 작동되지 않으면 전장가시화와 표적을 탐지 · 식별할 수 없어 실시간 전투지휘, 타격을 할 수 없게 된다. 이러한 자산은 과거에는 탐지와 타격이 분리되었다면 신속성과 정확성을 위해 과학기술 발전과 함께 점차 통합되는 추세다.

머리는 가용 작전요소 및 전투수행기능을 통합해 작전수행을 주도하는 지휘소와 신경망이라 할 수 있는 핵심노드로서 통신소와 통신중계소 등이다.

눈이 멀고 머리(신경망)가 기능할 수 없다면 전투수행기능을 정상적으로 발휘할 수 없게 된다. 첨단 무기가 있다고 한들 제대로 사용할 수 없다. 적도 마찬가지다. 따라서 이러한 자산이 보호되어야 전투력을 발휘할 수 있기 때문에 적과 아군의 공격대상 1순위가 되는 것은 당연하다. 적의 이러한 대상은 핵심표적[21]으로 선정해 우선 전투력을 발휘할 수 없게 하고, 나의 이러한 대상은 방호표적으로 선정해 보호해야 한다.

의 열적외선을 감지해 표적을 영상으로 변환하고 식별하는 장비다.

20) RASIT(Radar Surveillance Intercept Terrain, 지상감시레이더)는 전파를 발사해 물체에 부딪쳐 되돌아오는 도플러 효과를 이용해 표적을 식별하는 장비다.

21) 핵심표적(High Payoff Target)은 아 지휘관이 임무수행을 위해 반드시 획득해 공격해야 되는 표적이다.

적의 눈 침투부대를 격멸하라.

적의 눈이 되는 침투부대는 앞에서 언급했듯이 적의 입장에서도 중요한 정보자산이다. 이들은 아군의 후방지역22)에 침투해 아군의 지휘소, 통신소와 통신중계소, 주요 화기 등 적의 입장에서 반드시 격멸해야 할 가치가 높은 표적을 탐지·식별하고, 전장을 가시화하는 주 수단으로 이를 제거하지 않고서는 아군의 전투력을 보존하기 어렵고, 전투수행기능을 제대로 발휘할 수도 없다. 이를 제거한다는 것은 적의 손과 발을 쓰지 못하게 하는 것이다. 가장 우선시해야 할 표적이다.

비록, 적 침투부대는 소규모로써 독립적으로 물리적인 전투력을 발휘하기에는 제한이 있지만, 화력을 유도한다거나 아군의 전투수행기능 발휘를 어렵게 해 균형을 와해시킨다고 볼 때 결코 소홀히 해서는 안 된다. 적의 침투부대는 그 자체보다는 그들의 임무와 역할에 주목해야 한다. 단 한 명의 적 침투부대에 의해서도 적 화력자산 운용을 가능하게 해 아군의 대량피해가 발생할 수 있음을 이해해야 한다. 적의 정보자산 운용을 거부하고 아군의 정보자산 운용을 보장해야 하는 이유다.

한편, 적의 소규모 침투부대를 제거해 나의 눈과 머리(신경망)를 지키는 것도 중요하지만, 아군의 적지종심지역작전부대로 하여금 적의 그것들을 식별해 화력을 유도하는 등 사용할 수 없게 만드는

22) 후방지역은 각급 제대의 차 하급제대 후방전투지경선으로부터 해당 제대의 후방전투지경선까지의 지리적 공간이다.

것 또한 중요하다.

적은 우리가 알고 있는 것보다 큰 규모의 침투부대를 운용할 수도 있으며, 우리는 또한 공격작전이든 방어작전이든 상황에 따라 침투부대 위주의 계획을 발전시켜 적용할 필요가 있다.

길'목'을 지켜라.

넓은 강에서 한정된 수단으로 물고기를 잡으려면 물고기의 성질과 지형 특성을 이해하고 물고기가 통과할 수 있는 '목'에 통발을 놓아야 한다. 넓은 강에서 물고기를 잡기 위해 몇 개 안 되는 통발을 강 한가운데 설치하는 것은 무모하다. 물고기의 특성과 강의 지형을 적절하게 이용함으로써 제한된 수단과 적은 노력으로 큰 성과를 낼 수 있다.

전장에서 적의 특성과 지형을 고려한 매복지점 선정 등 진지편성, 화력계획, 장애물계획, 정보자산계획 등의 전투력 운용은 '목'을 지키는 개념으로 해야 한다. '목'이란 물리적인 지점일 수도 있지만 적의 심리적 상태나 감정의 변화, 반응의 심리적인 지점이기도 하다. 이것이 지형의 이점을 활용하는 것이고, 적의 심리를 이용한 전투력 집중이다.

편한 것을 선택하지 말라.

이는 행동을 결정할 때 단기적인 안락함이나 편의성에 의존하지 말고, 앞을 내다보고 힘들더라도 임무달성의 성공률에 기초해 유리하고 올바른 길(방법)을 선택해야 한다는 것이다. 그러나 전장은 피로한 전투원에게 편한 것을 선택하는 유혹에 빠지게 한다. 예컨대, 이 통로를 사용하도록 명령을 수령했지만 인접한 "저 통로가 편할 것 같다"라는 유혹으로 "편한 쪽을 선택한 경험이 있는가?" 시각을 다투는 상황에서 힘에 부치니 "잠시 쉬었다 간다"는 것 또한 같은 맥락이다.

'편한 곳, 편한 것, 편한 방법'과 '적의 위협크기'는 비례해 그것을 선택하면 생존을 보장받을 수 없고, 전체 작전의 균형을 와해시킨다는 것을 잊어서는 안 된다. "지형의 이점을 이용하라"는 지형의 전술적 활용성을 강조하는 것으로 내가 불리한 곳(힘든 곳)은 적의 위협이 상대적으로 적고, 내가 유리한 곳(편한 곳)은 적의 위협이 상대적으로 크다는 것을 내포하고 있다. 내가 '편한 방법'은 적에게는 '쉬운 대응'이라는 것을 이해해야 한다.

멈추거나 밀집하지 말라.

“밀집하면 죽는다”, “소산하라”는 전장에서 기본적으로 지켜야 한다. 그러나 험준하고 협소한 지형, 피로, 야간, 시계 확보와 의사소통의 제한, 적의 위협, 장애물 등 작전환경은 멈춤과 밀집을 강요한다. 통상 멈춤과 밀집은 동시에 발생하며, 이 경우 대량피해를 유발한다.

멈춤과 밀집 현상은 치열하게 교전 중인 현장에서뿐만 아니라, 교전이 이뤄지기 전 긴장감이 상대적으로 약한 밀집상태의 부대이동, 정지상태의 집결지 행동이나 전투를 준비하는 과정에서 더 빈번하게 발생한다. 적은 이 시기가 취약하다는 것을 잘 알고 있기에 기습기회로 삼는다. 기습을 허용하는 경우 치열한 교전 현장에서보다 더 큰 피해를 유발한다. 평탄하고 노출된 지역에 천막이나 시설을 밀집상태로 줄을 맞춰 편성한다면 싸워보기도 전에 적의 화력으로부터 엄청난 피해를 당할게 뻔하다. 전투는 약속대련이 아니다. 내가 멈추어 쉬고 있을 때, 통제가 용이하다는 이유로 밀집되어 있을 때, 편안하게 아무 일 없었으면 좋겠지만 적은 이 상황을 그대로 두고 보지 않는다. 그러나 위협 인식은 직접적으로 적과 접촉해 교전하는 상황에 집중되어 있지, 부대이동이나 집결지 행동 등 교전 이전이나 이후 상황에서의 위협 인식은 부족하다. 치열하게 교전 중인 상황뿐만 아니라, 전투를 준비하는 과정이나 전투가 종료되었다고 판단되는 상황에까지 늘 긴장감을 가지고 위협에 대비해야 한다.

정지 상태에서 밀집된 자체가 피해를 증대시키는 요인은 아니지만, 곳곳에서 활동하는 적의 침투부대 등 각종 감시수단이 적의 화력자산과 연계해 즉각적으로 반응한다는 것이다. 따라서 정지함이 없어야 하고, 불가피하게 정지하더라도 무조건 소산해 은폐 또는 엄폐[23]해 전투력을 보존해야 한다. 동시에 적의 위협을 제거하기 위한 조직적인 전투행동이 이뤄져야 한다.

예비지휘소를 다수 선정하고 미리 준비하라.

기가 막힌 위치에 완전하게 위장한 지휘소[24]라고 해도, 적에게 노출되거나 상황전개에 따라 지휘소를 이동해야 할 소요는 늘 발생한다. 다수의 예비지휘소를 선정해 두지 않았다면 새로운 지휘소 선정과 설치시간 소요, 이동 간 적의 위협 등으로 지휘통제기능

23) 은폐는 적의 관측으로부터는 보호되나, 적의 화력으로부터는 보호받지 못한다. 엄폐는 자연 또는 인공적인 장애물에 의해 적의 관측과 직사화기 사격으로부터 보호되며, 곡사화기 사격으로부터는 부분적으로 보호된다.

24) 지휘소(Command Post)는 지휘관과 참모가 작전을 계획하고 조정 및 통제하는 데 필요한 지휘통제시설로 참모가 편성된 모든 부대는 지휘소를 설치 · 운용하며, 주지휘소 · 전술지휘소 · 예비지휘소로 구분된다. 주지휘소는 지휘관이 작전을 지휘통제 하는 주 시설로서 지휘통제본부와 이를 지원하는 인원, 시설 및 장비로 구성된다. 전술지휘소는 주지휘소의 연장으로써 현행작전 중 주요 국면을 전투현장에서 지휘통제하기 위해 주요 전투지역까지 추진해 운용하는 지휘소다. 예비지휘소는 주지휘소의 기능 상실에 대비해 주지휘소와 동일한 지휘통제기능을 수행할 수 있도록 운용하는 지휘소다.

을 지속해서 유지할 수 없다.

지휘소의 생존과 간단없는 지휘통제를 위해서는 계획 단계에서부터 차후 점령할 여러 개의 지휘소를 선정해 두었다가 상황전개에 따라 다음 점령할 지휘소를 미리 준비해야 한다. 지휘소 운영 장비나 물품 등이 여러 세트가 확보되어 있지 않은 상황에서, 미리 준비할 수 없는 부분을 제외하고는 실시간 추가적인 준비소요가 최소화되도록 해야 한다. 물론, 이동하기 전에 점령할 지휘소는 수색정찰, 경계부대 운영 등으로 위협이 제거되어야 한다.

한편, 지휘소 설치와 관련해 전사의 교훈을 주의깊게 봐야 한다. 지휘소는 내가 점령하기 편한 곳이 아니라 적이 찾아내기 어려운 곳, 전투지휘가 용이하고 여러 개의 안전한 이탈로가 확보된 곳, 적의 감시 사각지역, 주변의 관측이 용이한 지점을 통제할 수 있는 곳 등을 선정해야 한다. 편의에 따라 도로 주변에 지휘소를 설치하고, 지휘소 근거리 도로나 공터에 차량을 집결해서는 안 되며, 다음 지휘소로 이동하기 위한 은폐된 여러 개의 이동통로를 준비해야 한다. 또한 신속한 이동을 위해 지휘소를 경량화해야 한다.

어떤 경우든 통신을 유지하라.

차폐가 심하고 아군 통신시설에 대한 적의 공격, 전자전이 수행되는 전장은 수시로 통신의 제한을 받는다. 전장에서의 통신두절은 지휘통제뿐만 아니라, 정보 · 기동 · 화력 · 방호 · 지속지원 등 모든 전투수행기능의 마비를 가져온다. 통신이 두절되면 보고·지시·명령·협조가 단절되어 전장의 상황을 파악할 수도 없고, 상하·인접부대 간 협조된 작전, 지원 등을 할 수 없어 임무수행이 극도로 어렵게 된다. 구체적으로는 부대 간 의사소통이 단절되어 협동능력이 심하게 감소하고, 정보수집의 제한으로 적의 공격이나 이동에 대한 사전 경고와 대응이 현저히 감소된다. 또한 보급 및 지원의 계획과 조정이 제한되고 부대들이 격리되어 상황을 파악하거나 지원을 받기도 어려워진다. 따라서 어떤 상황에서도 통신은 보호되고 유지되어야 하며, 다양한 수단과 방법을 통해 통신의 신뢰성과 안정성을 유지하는 노력을 기울여야 한다.

적에 의한 통신시설 공격, 어떤 원인에 의한 통신두절에 대비해 통신 사각 및 가능지역 분석, 무선 및 유선통신, 위성통신, 전령통신 등을 중복 운용하고, 통신장비를 여러 지점에 분산해 '싱글 포인트 오브 페일러[25]'를 방지해야 한다. 또한 각 지점에서는 중복된 통신장비를 사용해 통신의 안정성을 확보하고, 암호화 통신 및 보안 강화, 예비통신망 운용, 예비통신소와 통신중계소 운용 등 다양한 수단과 방법이 정상 작동되어야 한다.

한편, 전장이 아무리 혼란스럽고 물리적인 통신수단 사용을 제한한다고 해도 완전히 불가한 상태가 되지는 않는다. 부대 간의 협조를 통한 중계나 전령운용 등 다중경로 통신 등 가용한 수단과 방법을 활용한다면 통신의 완전한 중단은 극복할 수 있다.

통신 중단에 대한 통합적인 대책과 중단 시 대응절차에 대한 훈

25) 싱글 포인트 오브 페일러(Single Point of Failure: SPOF)는 시스템 내에서 한 부분이 고장나면 전체 시스템이 마비되는 현상이다.

련, 드론 활용 공중중계 등 다양한 방법의 발전이 요구된다.

통신장비 피탈 시 적이 사용할 수 없게 하라.

전장에서 장비가 피탈되는 사례는 빈번하다. 특히, 통신장비가 온전하게 적에게 넘어간다는 것은 계획·명령·보고·협조의 모든 정보가 동시에 넘어간다는 것을 의미한다. 전사에서 피아가 노획한 통신장비를 통해 각종 정보를 획득하고, 활용한 사례는 많다.

통신장비 피탈에 대비해 피탈 여부의 확인절차, 피탈 시 장비 무능화, 통신전자운용지시[26] 파기 등 대책이 필요하지만, 이에 대한 방법이 명확하게 정립되거나 행동화를 위한 여건은 불비하다. 통신전자운용지시 자동파기, 장비의 무능화 등 기술적인 제한은 연구개발을 필요로 하지만, 장비 피탈 여부 확인절차를 정립하는 것은 큰 노력 없이도 가능하다.

만약, 통신장비가 온전한 상태로 피탈되었다면 지체 없이 보고하고, 보고할 수 없는 상황이라 해도 피탈 여부를 실시간 확인할 수 있는 절차가 마련되어 보안조치를 하고, 적을 기만하는 수단으로 활용하는 등 대응할 수 있어야 한다.

---

26) 통신전자운용지시(Communication Electronics Operating Instructions: CEOI)는 특정부대의 특정시간 사용할 주파수와 호출명을 수록한 것으로 특정부대의 통신운용절차와 통신전자운용제원을 주기적으로 변경 사용하도록 지시하는 명령서다.

한편, 적으로부터 노획한 통신장비는 적이 노획 여부를 알지 못하게 한 상태에서, 감청을 통해 적의 기만통신에 주의하면서 정보를 획득하고 역으로 활용할 수 있어야 한다.

소부대 감시장비를 효율적으로 운용하라.

감시장비는 적과 아군의 눈과 같은 역할을 해 전장을 가시화하는 중요한 수단이다.

제대가 클수록 전문가가 편제되어 비교적 효율적으로 운용되지만, 소대나 분대와 같은 제대에서는 소대장과 분대장이 운용능력을 갖춰야 한다. 그러나 개인용 야간 감시장비(야간투시경)가 소수 편제된 분대의 경우, 전투대형에 따라 감시장비 위치를 조정해야 하지만 운용능력이 부족하다. 어떤 방향에서 적의 위협이 있을지 알 수 없는 상황에서 사주경계[27]가 가능하도록 감시장비 위치를 조정하거나 상황에 따라 집중 운용해야 하지만, 관심 밖이거나 비효율적으로 운용하는 사례가 많다.

소부대에서 운용하는 개인용 감시장비는 장비 자체의 운용능력도 필요하지만, 전술적으로 운용하는 능력을 갖춰야 한다.

27) 사주경계는 이동 또는 집결지 행동 시 개인 및 부대가 전투력을 보존하고 적의 공격, 기습, 관측 및 기타 위협으로부터 자신 및 우군부대를 보호하기 위해 사방으로 취하는 제반 경계활동이다

야간의 수색정찰은 신중하라.

야간에 아군 작전지역[28]에 은밀하게 숨어 있는 소규모의 적을 노출된 상태에서 찾기란 여간 어려운 일이 아니다. 확실한 대안이 없는 상황에서 병력, 육군항공, 드론, TOD 등 여러 종류의 수단을 기존 운용지역에서 전환 투입할 때는 이들 수단이 기존 운용지역에서 발생할 전투력의 공백 현상까지 감수할 만큼 유효한가를 충분히 따져봐야 한다. 적 무인기를 식별하기 위한 장비 전용 역시 마찬가지다.

수목으로 차폐된 지역에서 숨어 있는 소규모의 적 침투부대를 TOD로 또는 항공기나 드론 등으로 공중에서 찾아내기란 쉽지 않다. 그러나 이 방법이 현재로써 할 수 있는 최선일 수는 있지만, 해당 임무에 최적화되거나 검증되지 않은 상태에서 장비를 전환할 때는 신중해야 한다. 판독능력을 구비하고 현장의 수목밀도, 월광, 은・엄폐물, 장비의 능력 등을 고려해 충분한 검증과 치밀한 계획이 요구된다. 정확한 정보판단으로 적이 은거한 지점을 특정하고, 수색정찰견을 활용하는 등의 조치가 더 타당할 수 있다.

한편, 민간인이 혼재된 도시지역의 수색정찰은 백지에서 검은 점을 찾는 것과 같지 않다. 수많은 점이 있는 채색된 종이에서 미세하게 차이가 나는 점을 찾는 것과 같다는 것을 이해해야 한다. 적이 취할 수 있는 행동을 정확하게 판단하고, 적 전술과 장비의

---

28) 작전지역은 작전을 수행하기 위해 지휘관에게 권한과 책임이 부여된 지역이다.

능력에 기초해 적을 찾는 수단과 방법을 발전시켜야 한다. 훈련 중 산악지역이나 도시지역에 은거한 적 침투부대를 어렵지 않게 찾아내는 대부분의 경우는 적 역할을 하는 상대방이 전술적으로 행동하지 않은 결과지 훈련부대의 성과로 볼 수 없다. 면밀하게 분석하지 않고, 마치 훈련부대가 병력·육군항공·드론·TOD 등 여러 종류의 수단을 효율적으로 운용한 결과라고 인식한다면 전장을 제대로 이해하지 못한 것이며, 실제를 모른 채 성공적이라고 착각하게 만든다.

건물, 갱도진지 내부 진입은 신중하라.

건물, 요새지, 지하시설, 동굴, 갱도진지에서 적을 소탕하기 위해 "내부로 진입한다"는 것 외에 "다른 방법은 없을까?" 적을 소탕하기 위해 방호력이 뛰어난 건물과 갱도진지 등의 내부로 진입하는 것은 많은 희생이 따른다. 상황에 따라 다르겠지만 토끼나 호랑이를 잡기 위해 반드시 굴로 들어갈 필요는 없다. 호랑이를 나오게 해 잡는 것은 전문가다운 능력이다.

적이 건물이나 갱도진지에서 인질극을 하거나, 특정시간까지 소탕해야 하는 시간적인 제한을 받는 등 상황에 따라 대응방법이 달라지겠지만, 불을 놓거나 견딜 수 없는 고통을 수반하는 최루가스를 사용하거나 로봇 투입, 고립시켜 굶주림과 공포를 조성하는 등의 여러 방법을 고려할 수 있다. 저지대의 지하시설, 동굴 등과 같은 곳이라면 주변의 물을 투입하는 방법도 있다. 창의적인 사고가 필요하다.

사격 후 예외 없이 진지를 변환하라.

사격은 화기 특성에 따라 차이는 있으나, 불꽃과 연기, 소음 등을 동반해 적에게 노출되며 야간에는 노출 정도가 더 심하다. 따라서 사격 후에는 현재의 위치에서 즉시 이탈해 진지변환[29]을 하고, 상황에 따라서는 진지전환[30]을 해야 한다. 사격 후에도 현 진지에서 머문다면 여지 없이 적의 표적이 된다.

전차, 장갑차, 자주포 등 바퀴가 달린 화기와 휴대가 용이한 화기는 사격 후 진지변환(전환)이 비교적 용이하고 습성화되어 있지만, 이동에 시간과 지원이 필요한 견인포나 무거운 박격포 등의 화기는 소홀하기 쉽다. 어떤 경우든 사격 후 진지변환(전환)은 예외 없이 수행되어야 한다.

---

29) 진지변환은 부대 또는 화기가 전술적 이유로 한 지점으로부터 타 지점으로 진지를 이동하는 것이다.

30) 진지전환은 한 부대가 타 지역으로 전투력을 이동시키는 것으로 방어진지 자체가 변경되는 것이다.

우군 간 사격을 방지하라.

KCTC전투, 전사를 통해 오인이나 실수로 인한 우군 간 사격으로 다수의 피해가 발생한다는 사실에 주목해야 한다. 오인사격은 아군을 적으로 오판해 나타나는 현상이며, 실수에 의한 사격은 사격 제원의 오류, 피해범위의 판단 오류 등으로 직사화기, 곡사화기, 항공기 등 모든 화기 영역에서 발생한다.

직사화기의 오인사격은 주로 적이 아군의 인접부대 지역에서 사격해 우군 간 교전을 유발하는 기만행위에 속은 결과로 나타난다. 갑자기 내 방향으로 누군가 사격을 해 온다면 누가 사격한 것인지 판단할 겨를도 없이 반사적으로 대응사격을 하게 되고, 이어서 통제할 수 없을 정도로 모든 전투원이 같은 방향으로, 즉 우군끼리 서로에게 사격하게 되고 많은 우군피해를 발생시킨다. 교전이 끝나고서야 잘못되었음을 알게 된다. 그리고 피아식별과 통제되지 않은 사격의 결과를 실감한다.

한편, 곡사화기, 항공기에 의한 우군피해는 피아식별을 잘못해 나타나기도 하지만 대부분은 실수에 의한 사격, 즉 잘못된 화력운용으로 발생한다. 잘못된 화력운용에 의한 피해 발생은 관측자 또는 드론이나 레이더 등 표적획득 수단의 표적위치결정 오류, 사격술 미숙, 사거리 공산오차[31] 판단오류 등이 주된 원인이다. 잘못된

31) 사거리 공산오차는 하나의 화기가 동일한 제원으로 동일한 지점에서 동일한 조건으로 사격할 경우 생기는 사거리상의 산포범위오차로써 정확히 판단하지 않으면 표적에 인접한 우군부대에 피해를 주게 된다.

화력운용으로 발생하는 이들 화기의 사격은 통상 대량피해를 유발한다.

우군 간 오인사격, 실수에 의한 사격결과 나타나는 우군 간 피해는 적 전술 이해, 유효한 피아식별방법 발전, 철저한 사격통제, 정확한 표적위치결정, 사격술 및 화력운용능력 향상 등으로 방지할 수 있다.

전사자 탄약을 활용하라.

전투를 하다 보면 탄약부족 현상은 대부분의 부대나 전투원에게 언제나 발생한다. 이러한 상황에서 탄약이 적시에 원활하게 보충되기 어렵다는 것도 누구나 알고 있다.

전투가 개시되기 전에 개인과 부대는 기본적인 양의 탄약만을 휴대할 수밖에 없다. 이는 한정된 보유량과 휴대 및 수송능력에 따른 것으로 이후 추가 소요는 보충계획에 의한다.

전장에서 탄약 사용량은 개인과 부대마다 처한 상황에 따라 큰 차이가 난다. 따라서 최초부터 임무에 따라 휴대 및 적재량을 조정하거나, 실시간 상황전개에 따라 조정할 필요가 있다. 이는 당연한 조치지만 제대로 이행되는지는 의문이다. 임무와 상관없이 동일한 양의 탄약을 균등 분배하거나 최초계획대로 분배하고, 실시간 탄약 보충이나 조정은 계획대로 될 것이라고 판단한다면 탄약 없이 전투를 하는 결과가 된다. 상황에 따라 조정하려고 해도 보충 및 조정 간에 적으로부터 기습을 받을 수도 있고, 치열하게 교전하고 있는 부대를 우선함으로써 모든 부대와 개인을 대상으로 적시에 소요량을 보충하기도 어렵다. 어떤 경우든, 추가 소요 탄약이 보충될 때까지 기다릴 수 없는 상황에서 전사자의 탄약을 사용해야 하는 것은 당연하다. 그러나 혼란의 전장에서 행동으로 옮기는 것은 쉽지 않다.

각개 전투원은 평시 훈련을 통해 인접 동료와 상호 엄호 하에 전사자 탄약을 회수하고 활용하는 것에 익숙하고, 간단없는 사격을 위해 빠르게 탄약을 탄창에 삽입하고 탄창을 교체하는 능력도 숙달이 필요하다. 또한 지휘관(자)은 임무에 따라 전투 개시 전, 전투 중 탄약을 추가 보충하고 조정하는 절차와 방법을 발전시키고 숙달해야 한다.

기동장비의 연료상태를 지속 확인하라.

전장에서 기동장비의 생명과도 같은 연료가 원하는 시간에 필요한 양이 지원되면 좋겠지만, 탄약 보충 제한과 같은 이유로 원활하지 않을 개연성이 크다. 따라서 기동장비를 운용하는 전투원은 전투가 진행되는 내내 수시로 연료량을 확인하고, 적시에 보충을 요청해야 한다. 이는 간단없는 임무수행을 위한 것으로, 보충 간 발생할 수 있는 제한사항을 염두에 둬야 한다.

어떤 이유에서든 연료가 적시에 보충되지 않는다면, 근처의 기능을 발휘할 수 없는 장비 또는 노획한 장비로부터 연료를 전환해 사용할 수 있어야 한다. 이 상황에 대비해 도구를 미리 준비해야 하지만, 준비되지 않았다고 해도 해결방법을 찾을 수 있어야 한다.

기동장비의 연료상태 확인을 습성화하기 위해서는 평시 훈련 간 최초 보충 연료량을 제한해 지속해서 확인하도록 유도하고, 추가 보충을 위한 절차와 방법을 착안하고 숙달해야 한다.

ATCIS를 신뢰할 수 있도록 운용하라.

"ATCIS의 정보를 얼마나 신뢰할 수 있는가?", "ATCIS를 얼마나 효율적으로 활용하고 있는가?"

전장에서 ATCIS의 현황을 실시간 최신화하는 것은 쉽지 않다. 그렇지만 ATCIS가 전투지휘의 핵심수단이라고 볼 때 현황의 최신화는 물론, 기능을 제대로 이해하고 효율적으로 활용할 수 있어야 한다. 부정확한 현황은 상황판단-결심-대응의 실시간 전투지휘를 잘못된 방향으로 유도하고, 비효율적인 활용은 불필요한 시간과 노력의 낭비를 초래한다. ATCIS 정보가 실제를 반영하고 전장을 가시화해 전투지휘에 기여할 수 있도록 모든 전투원이 노력해야 한다.

한편, 적의 전자전, 사이버작전,[32] 단전 등에 의한 신뢰성 상실,

32) 사이버작전(Cyberspace Operation)은 사이버 공간에서 작전목적 달성을 위해 컴퓨터시스템 및 정보통신망 또는 정보를 대상으로 사이버능력을 운

사용 중단에 대비해야 한다. 적의 공격에 대비해 방화벽, 암호화, 시스템 업데이트, 보안 관제 등 절차를 준수하고, 시스템 복구계획 및 절차 숙달, 백업 시스템 운영, 재해복구계획이 마련되어야 한다. 상전을 사용하거나 발전기를 보유하고 있다고는 하지만, 항상 사용이 가능한 것은 아니다. 상황판을 추가로 준비한다든지, 저용량 배터리로 운용이 가능한 독립된 휴대용 컴퓨터에 주기적으로 백업하는 등의 조치가 필요하다. 이는 추가적인 병력과 노력이 소요되지만, 간단없는 전투지휘를 가능하게 한다.

상황을 기능 실과 공유하라.

지휘소 또는 CCC[33]의 각 기능 실은 물리적으로 분리되어 운용되더라도 유기적인 협력과 효율적인 전투수행을 위해 각 반 또는 기능 실에서 인지하고 추진하는 상황은 반드시 공유되어야 한다. 이는 각 기능 실의 임무와 과업, 협조하고 조치할 사항, 계획과 명령, 보고, 조치결과 등을 식별할 수 있게 한다. 또한 핵심임무에 대한 노력의 집중을 통해 반응시간을 단축하고, 전투력의 통합 및 자원의 효율적 운용을 가능하게 한다.

용하는 작전이다.

33) CCC(Command Control Center, 지휘통제본부)는 주지휘소 내에 설치되는 통합되고 단일화된 지휘통제기구로서 참모부가 편성되어 있는 모든 제대에서 설치·운용하며, 본부, 정보종합실, 작전실, 통합화력지원실, 지속지원실 등의 기능 실로 구성된다.

상황공유는 신뢰할 수 있는 정보를 빠르게 변화하는 전투상황에서 ATCIS, 방송, 전화 등 수단을 이용해 적시에 신속하게 이뤄져야 한다. 또한 쉽게 접근하고 이해할 수 있는 방식으로 수행해야 한다.

작전보안을 유지하라.

손자병법 3장 모공(謨功) 편에서 "적을 알고 나를 알면 백 번 싸워도 위태롭지 않으며, 적을 알지 못하고 나를 알면 한 번 이기고 한 번 지며, 적을 모르고 나를 모르면 싸움마다 반드시 위태롭다[34]"고 했다.

가정에 기초한 계획은 전투가 실시되면서 사실에 기초해 수정되어야 비로소 현실성 있는 계획이 된다. 따라서 전투의 쌍방은 상대로부터 허상을 사실로 믿게 하거나 자신의 계획을 알지 못하게 하고, 동시에 상대의 계획을 알기 위한 활동을 지속한다.

적을 알기 위한 활동이 정보활동이고 나를 알지 못하게 하는 활동이 작전보안[35]이다. 적이 나를 알게 되면, 즉 작전계획과 전술이 적에게 노출되면 적은 대책을 마련해 대응할 것이고, 결국에는 나의 의지대로 싸우지 못하고 전투는 실패하게 된다.

작전보안은 작전계획 단계에서부터 준수하고, 특히 적의 감청

---

34) 知彼知己 百戰不殆(지피지기 백전불태), 不知彼而知己 一勝一負(부지피이지기 일승일부), 不知彼不知己 每戰必殆(부지피부지기 매전필태).

35) 작전보안은 적의 정보수집체계에 의해 관측 및 평가될 수 있는 아군의 군사작전 및 활동을 보호하거나 취약성을 제거하기 위한 조직적인 활동이다.

방지를 위한 암호화 통화 등 통신보안, 통신장비 및 암호화 장비의 피탈 방지 등 작전장비 보안, 작전지역의 출입 및 활동의 보안절차 준수 등 전투 전 기간에서 행동화되어야 한다.

절차를 수행해야 하는 수고가 있지만 중요성을 이해하고 작전보안을 준수해야 하며, 사소한 통화나 행동이라도 적에게 노출된다는 것을 알고 모든 전투원이 작전보안을 실천해야 한다.

굶기지 말고, 전투피로를 해소하라.

"전투 중에 급식이 제한되어 굶주려 보았는가?", "장기간 전투를 통해 전투피로를 체험해 보았는가?" 이 물음에 "그렇다"라고 답할 전투원은 많지 않다. KCTC전투나 실전적 훈련을 경험했다면 이러한 상황이 어쩌다 발생하는 것이 아니고, 전투기간 내내 지속될 수 있다는 것을 체감했을 것이다.

전투상황에서는 갖은 노력에도 불구하고 정시 · 정량 급식에 제한을 받기 일쑤인데, 소홀하거나 취사 · 급식능력까지 부족하다면 굶는 것은 당연하다. 전장에서는 야전취사장이 습격받거나, 수송과정에서 손실되는 등의 상황이 늘 발생한다. 따라서 이러한 상황에 대비해 예비 야전취사장을 운용해야 하며, 식품 취급의 용이성과 손실 식단을 대체할 수 있는 고에너지 건조식품이나 단백질식품 등의 전투식량 확보, 수송방법의 다변화 등 대책을 강구해야 한다. 각개 전투원에게 급식이 되었다면, 각개 전투원은 전투상황을 고려해 정해지지 않은 시간에 각자가 틈틈이 취식해야 하며, 급식단절에 대비해 적절하게 나누어 취식할 수 있어야 한다.

장시간 잠을 자지 않는다면 정상적인 활동을 할 수 없다. 일상에서 통상 대부분의 사람은 48시간 이상 수면하지 않으면 주의력이 저하되고 불안, 혼란, 시각적 왜곡, 감각 손실 등 다양한 심리적·생리적 문제가 발생한다고 알려져 있다. 전장에서 이러한 현상은 일상에서의 48시간보다 훨씬 빠른 시간에서 나타난다. 상황에 따라 교대로 전투휴식을 보장하고, 전투력을 운용할 때도 전투원의 피로상태를 고려해야 한다.

평시 실전적 훈련에서 "밥도 안 주면서 훈련한다", "인권침해다", "잠도 안 재우고 훈련한다"는 등의 불만을 할지도 모른다. 그러나 생존을 위해 그렇게 되지 않도록 악조건에 노출되어 보고, 극복방법을 발전시키는 기회로 삼는 등 필요한 훈련이라고 이해해야 한다. 목적 없이 굶기거나 목적 없이 잠을 재우지 않는다면 지탄받아 마땅하다. 그러나 전투상황에서 각종 제한과 마찰로 인해 불가피하게 발생하는 현상의 경험은 생존을 위해 반드시 필요하다고 인식해야 한다.

최대한 편의를 제공하라.

군인은 물론이고, 대부분의 사람은 "전장은 원래 춥고, 배고프고, 불편할 수밖에 없다", "전장에서의 땀범벅, 젖은 전투복과 전투화, 불편한 잠자리는 당연하다"고 인식한다. 그러나 이는 당연한 것도 당연해서도 안 되며, 이러한 요인이 전투력 발휘를 어렵게 한다는 것을 이해해야 한다.

군인이라고 해서 그래야 되는 것은 아니다. 늘 그래왔고, 익숙해졌을 뿐이라고 하는 편이 옳을 것이다. 당연하다고 하지 말고 가능한 깨끗한 식기에 따듯한 밥을 제공하고, 온수 목욕, 편안한 잠자리, 건조된 전투복과 전투화를 착용하는 등 기본적인 것이 불편하지 않도록 해야 한다. 이것은 인간의 기본적인 욕구로 결코 사치가 아니며, 전투의지를 강화하고 전투력을 발휘하게 하는 원동력임을 인식해야 한다. 물론, 치열하게 교전하고 있는 상황에서야 감내하는 것이 당연하지만, 차후 작전에 투입되기 전이나 안전이 확보되는 등 상황이 허용하는 한 최대한의 편의를 제공해야 한다.

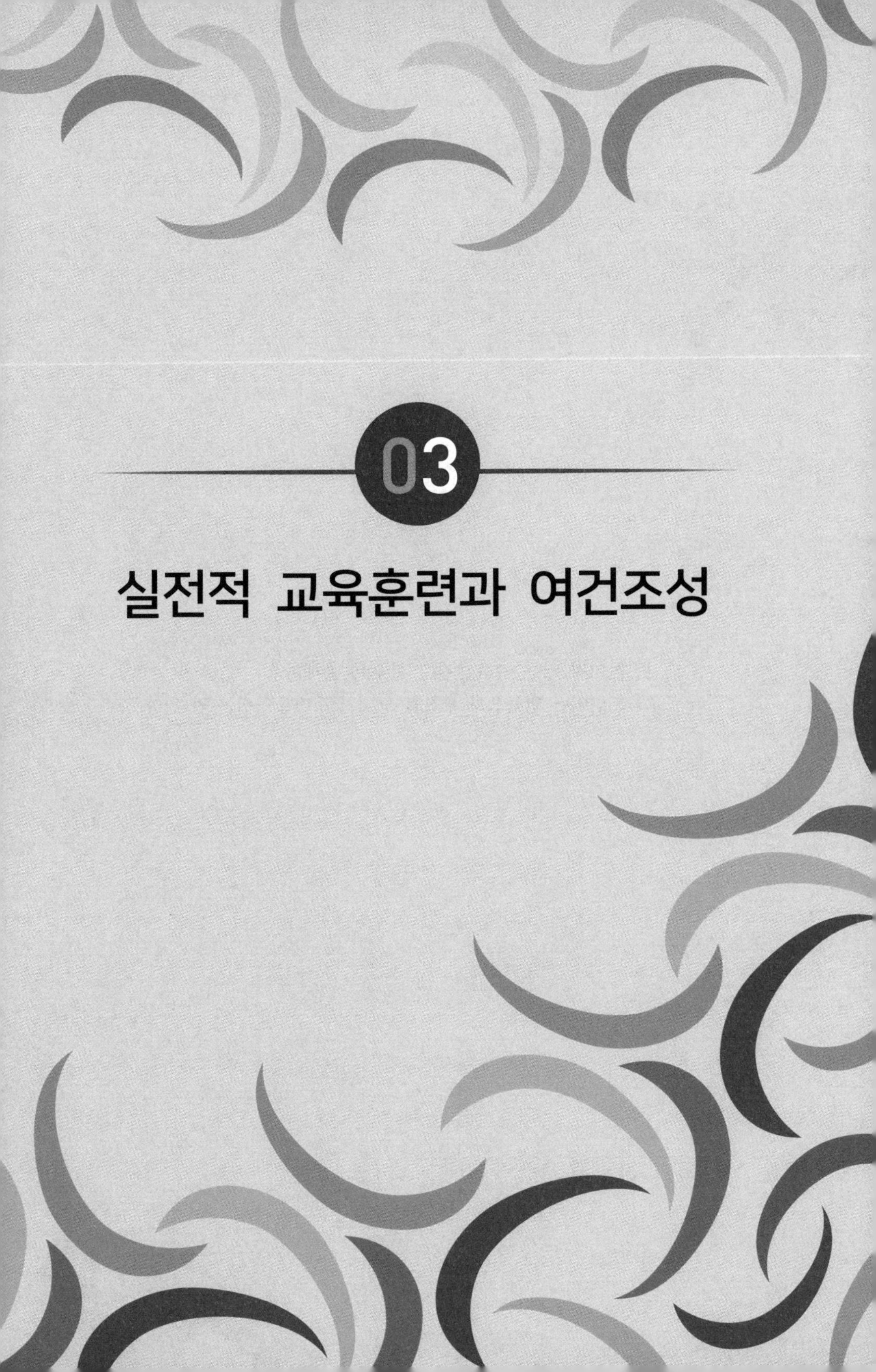

03

실전적 교육훈련과 여건조성

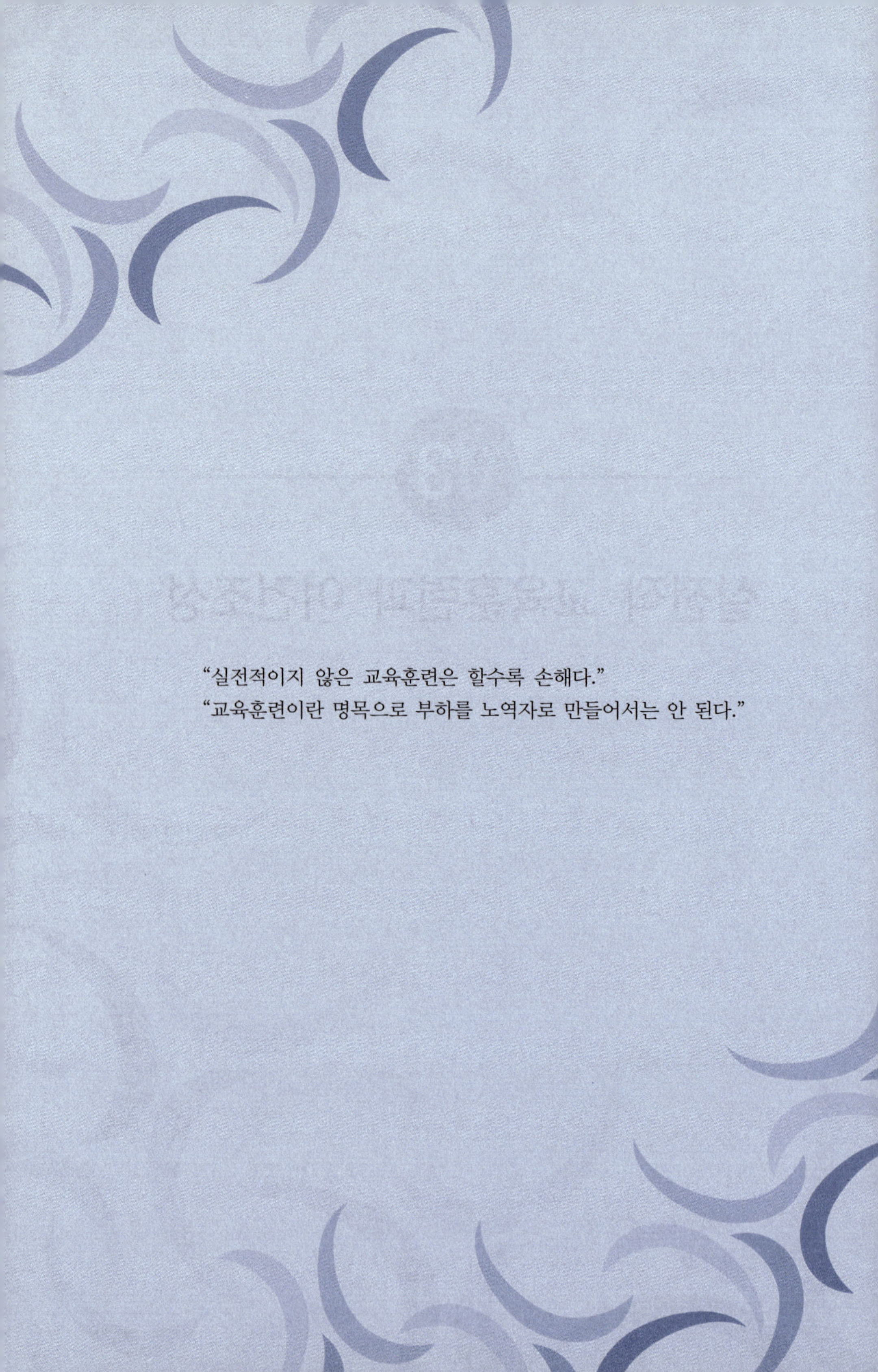

"실전적이지 않은 교육훈련은 할수록 손해다."
"교육훈련이란 명목으로 부하를 노역자로 만들어서는 안 된다."

3-1

실전적 교육훈련

'실전적 교육훈련'이란 실제 전투를 최대한 반영한 교육훈련, 즉 "전장실상을 이해하고 올바로 인식해 실전과 거의 같은 전장환경에서 싸우는 방법에 기초해 교육하고, 싸우는 방법대로 훈련하는 것이다." 이는 실제 전투에서 필요한 전투기술과 정신력을 배양하는 것으로 전장의 악조건상황에 효과적인 대응과 적응력을 향상시킨다.

"실전적이지 않은 교육훈련은 할수록 손해다", "실전적이지 않은 교육훈련은 부하를 단지 노역자로 만들 뿐이다"라는 것을 명심하고, '실전적 교육훈련'은 평시 어떤 부대운영보다도 우선해 최대의 노력을 집중해야 한다. '실전적 교육훈련' 제한요소를 수용하기보다 적극적으로 해결하고 극복해야 한다.

실전적 훈련환경 조성

실전적 훈련환경 조성은 "싸우는 방법에 기초한 훈련", "싸우는 방법대로 훈련"하기 위해 필수적이다. 그러나 실전적 훈련환경 조성에 필요한 공간, 위험성, 주민불편, 기술적 어려움 등이 제한으로 작용해 구현에 어려움이 있다. 정책적인 뒷받침이 필요하지만, 지휘관(자)의 의지가 무엇보다 중요하다. 실전적 훈련환경 조성에 필요한 악조건의 지형과 기상, 적을 대신하는 대항군, 편제된 병력과 장비, 전투(교전)과정과 전투결과를 알 수 있는 과학화된 체계, 피드백을 제공할 수 있는 전문 관찰관, 통제방법 발전 등은 의지에 따라 부분적으로 해결이 가능하다. 특히, 악조건의 지형과 기상, 적을 대신하는 대항군, 통제방법 발전은 현실적이며 우선 관심을 둬야 한다. 구체적인 방법은 이 책의 전반을 이해한다면 무리가 없을 것이다.

다른 관점에서 KCTC의 전투훈련이 편성되어 있지 않은 기간을 활용하는 방안도 고려할 수 있다. KCTC 운영구조상 연 52주 중 기계획 전투훈련과 전투실험 등을 제외하더라도 16주 이상이 가용하다. 이 기간 KCTC 과학화전투훈련체계는 정비로 인해 온전히 활용할 수는 없겠지만, 전문대항군의 경우는 소수 병력을 적절히 편조[1] 해 운용이 가능할 것이다.

교육훈련 외에도 관심을 둘 분야가 많겠지만, 교육훈련이 평시

1) 편조(編組)는 지휘관이 전투편성을 실시함에 있어서 특정 임무 또는 과업을 달성하기 위해 특수하게 계획된 부대의 구성을 말한다.

부대운영의 가장 중요시되고 우선해야 할 분야라고 볼 때 역량을 집중할 가치가 있다.

공격작전과 방어작전 교육훈련체계 재구성

공격작전과 방어작전을 구분한 교육훈련체계에서는 "공격작전 따로, 방어작전 따로", "적이 공격하면 아군은 방어, 적이 방어하면 아군은 공격"이라고 단정하는 등의 사고를 바꿀 수 없다. 공격작전과 방어작전을 구분해 가르치고 훈련한다면 공격작전과 방어작전은 완전히 분리되어 수행되는 것처럼 착시현상을 일으키게 된다.

"공격작전 간 방어는 일시적인 급편방어, 방어작전 간 공격은 소규모 부대가 제한적으로 수행하는 것일 뿐, 정상적인 방어작전과 정상적인 공격작전과는 구분된다"라고 한다면 전장을 제대로 이해하고 있다 할 수 없고, 싸워 이길 수도 없다.

현재의 교범[2]과 작전계획 등에서 구분되어 있는 공격작전과 방어작전을 언제든지 전환될 수 있고 동시에 수행되기도 한다는 현실을 반영해 재구성할 필요가 있다. 또한 분리된 공격작전명령과

---

2) 육군의 기준교범인 『지상작전(기준교범 1)』에서는 작전목적과 부대 임무에 따라 국지도발대비작전, 공격작전, 방어작전, 안정화작전, 정부기관 및 민간지원작전 등 작전유형의 동시적 수행은 육군의 작전수행개념인 '결정적 통합작전'의 핵심이라고 명시하고 있다. '작전유형의 동시적 수행'이라는 개념은 누구나 알고 있지만, 교범의 구성에 있어 작전유형을 구분해 기술함으로써 인식과 훈련이 이를 따라가지 못하고 있다.

방어작전명령은 '작전명령'으로 통합해 동시에 준비하고 수행할 수 있도록 검토하고, 교육훈련도 여기에 기초해야 한다.

아는 것과 행동하는 것의 균형된 교육훈련

아는 것이 할 수 있다는 것은 아니지만, 행동하기 위해서는 알아야 한다. 아는 것은 전쟁이론, 전투의 기본원리 등 이론적 지식을 함양하는 것이고, 행동하는 것은 아는 것을 기초로 전투현장에서 상황에 따라 응용하고 유연하게 발현하는 것이다. 전쟁의 본질, 전쟁원칙, 전투의 기본원리는 변하지 않는다고 해도 전투행동과 관련한 전투수행방법은 시대와 상황에 따라 지속적으로 변화한다. 마찰과 불확실의 각종 변수가 존재하고, 실시간에도 수시로 변화하는 전장에서 원리·원칙을 단순히 암기해 적용해서는 적응할 수 없다. 그러나 교육훈련은 각종 제한이나 이유로 인해 아는 것에 치중하고 있는 현실이다. 원리·원칙을 알고 이해하는 것(이론적 전술지식에 기반)도 중요하지만, 아는 것을 전장의 상황에 유효하게 응용해 행동하는 것(경험적 전술지식에 기반)은 더 중요하다. 학교교육이든, 부대훈련이든 '할 수 있는 것'보다 '아는 것'에 더 큰 비중을 두고 단순히 원리·원칙만을 알고 반복적이고 기계적인 사고와 행동에 고착된다면, 무질서하고 마찰과 불확실의 전장에서 적절하게 대응할 수 없다.

원리·원칙을 아는 것도 중요하지만 전투의 효율을 높일 수 있도록 응용능력 향상과 행동화에 더 큰 비중을 두어 노력을 집중해야 한다. 전쟁사는 전쟁의 승패요인 분석을 통한 원리·원칙을 전장에 응용해 적용하는 능력이 중요하다는 것을 강조하고 있다.

과학화전투훈련결과를 학교교육, 부대훈련에 활용

KCTC는 전장과 가장 유사한 환경에서 실제 전투와 거의 같은 전투를 수행하고 경험할 수 있게 한다. 또한 과학화전투훈련체계는 실전과 같은 전투모의, 작전수행과정 및 결과를 데이터 기반으로 가시화해 과학적 분석 및 환류를 가능하게 한다.

KCTC전투과정과 결과는 경험적 전술지식을 습득할 수 있는 가장 유용한 자료로서 활용가치가 높다. 이를 기초로 학교와 야전에서 교육하고 훈련한다면 실제 전투와 버금가는 훈련성과를 기대할 수 있을 것이다. 물론, 부대훈련의 경우 KCTC전투 사후검토자료 및 교훈집을 통해 훈련에 활용할 수는 있지만, 활용도는 미미해 전투결과를 당연하게 활용하도록 장치가 필요하다.

사거리가 긴 화기일수록 교육훈련 강화

KCTC전투 데이터분석결과, 명중률은 사거리가 긴 K-3기관총 등 공용화기가 사거리가 짧은 K-1 · K-2 등 개인화기보다 사수의 능력에 의해 좌우됨을 알 수 있다. 마일즈[3]의 특성을 고려해 차폐물이 대등하게 존재하는 상황에서 분석한 결과, 기관총 등 사거리가 긴 화기는 사거리가 짧은 화기에 비해 유효사격 발수가 30% 이내다. 이러한 분석결과는 사거리가 긴 화기일수록 더 많은 훈련이 필요하다는 것을 시사한다.

한편, KCTC전투 데이터를 분석할 때는 KCTC 과학화전투훈련체계의 기반이 되는 마일즈의 특성, 즉 마일즈는 나뭇잎 등 차폐물을 통과하지 못한다는 점을 이해해야 한다. 사거리가 길수록 당연히 차폐물이 많을 것이고 명중률이 떨어질 수밖에 없다. 마일즈의 특성을 고려하지 않고 단순히 데이터만으로 분석한다면 사거리가 멀수록 유효사격 발수가 적다. 이 경우 유효사격 발수가 많은 근거리 사격훈련에 집중해야 한다는 결론을 도출해 근거리 위주의 사격훈련에 치중한다면 왜곡된 해석[4]이다.

---

3) 마일즈는 다중통합레이저교전체계(Multiple Integrated Laser Engagement System: MILES)로서 실전과 같은 무기효과 및 전장효과 묘사를 위해 레이저빔 특성을 이용해 사격을 모의하고, 화기 사용의 시청각적 효과를 묘사하는 장비이며, 발사기, 감지기, 영점조준기, 사후분석장비 등으로 구성된다.

4) 데이터의 왜곡된 분석을 방지하고 유의미한 분석을 위해서는 체계전문가, 전술전문가가 동시에 협업해야 한다. 또한 무분별한 데이터 공유에 따른 비전문가의 왜곡 해석이나 적 또는 불순세력이 활용할 수 없도록 사이버 보안전문가가 분석조직에 포함되어야 한다.

훈련의 최종단계는 실기동훈련

과학화훈련체계인 가상모의훈련,[5] 워게임모의훈련,[6] 게임훈련,[7] 실기동모의훈련 중 실기동모의훈련을 제외한 훈련체계는 실기동훈련의 제한을 극복하기 위한 수단이지 그 자체가 목적이 될 수는 없다. 훈련은 최종적으로 실기동(모의)훈련을 통해서 완성되는 것이다.

과학화훈련이 여러 제한사항을 극복할 수 있다는 유리점은 있으나, 최종적으로는 실제와 같은 전투공간과 환경에서 쌍방 자유기동으로 하는 KCTC전투와 같은 실기동(모의)훈련을 통해 완성된다. 그러나 최종적으로 거쳐야 하는 실기동(모의)훈련은 훈련장 확보라는 문제로 모든 부대, 모든 제대가 이렇게 하기는 어려운 현실이다. 단기간 해결이 쉽지 않은 문제지만 부대이전계획과 연계한 훈련장권역화 및 대규모 훈련장 확보, KCTC의 무중단 운영, 해외훈련장 확보 등 다각적인 노력이 필요하다.

---

5) 가상모의훈련(Virtual Simulation)은 실 전장과 유사한 가상환경에서 무기 또는 장비 시뮬레이터를 활용해 사격과 장비조작 등의 단순 기능숙달을 위한 훈련으로 고비용·고위험 훈련의 반복 숙달이 가능한 훈련이다.

6) 워게임모의훈련(Constructive Simulation)은 워게임모델과 게임어에 의해 대규모 부대의 전투훈련환경을 구현해 지휘관과 참모의 전투지휘능력을 배양하고, 제대별 통합전투수행능력을 향상시키기 위해 실시하는 전투지휘훈련이다. BCTP훈련이 대표적이다.

7) 게임훈련(Gaming)은 군사요구에 맞게 구성된 게임기술을 활용해 실전적 가상공간의 몰입환경 속에서 뇌 인지력과 조건반사적 상황판단능력 구비가 가능하며 가상현실훈련 등이 해당된다.

평가지표 최적화

평가는 훈련의 방향타 역할을 해 평가지표와 이에 기초한 평가항목을 어떻게 선정하느냐에 따라 훈련의 방향이 결정된다. 최적화하지 않은 평가지표와 평가항목으로는 전투력 발휘수준을 알 수도 없고, 불필요하거나 잘못된 훈련을 하게 한다. 평가지표와 평가항목이 최적화되고 평가결과에 대한 신상필벌이 명확하다면 어떤 지침도, 강조도 필요치 않다.

최적화된 평가지표와 평가항목은 데이터 기반으로 선정해야 하고, 임무에 변경이 없더라도 무기체계와 싸우는 방법의 발전에 따라 조정되어야 한다. 실전 데이터가 없는 상황에서 KCTC전투 등 과학화전투훈련의 전투 승패요인별 영향비중을 데이터 기반으로 분석해 선정하는 것은 무리가 없고 현실적이다.

육군의 METL평가지침서, 전술훈련평가지침서 등 모든 평가의 평가지표와 평가항목은 과학적인 분석을 통해 재선정할 필요가 있다. 평가결과에 대한 신뢰성은 평가지표와 이에 기초한 평가항목, 즉 "평가항목이 임무수행의 성공 여부를 얼마나 대변하는가?", "해당 평가항목들만 수행할 수 있으면 임무달성이 가능한가?"에 따른다. 이러한 개념에 기초해 평가지표와 평가항목을 최적화 정비하고 나서 훈련과 평가가 이뤄져야 한다.

예컨대, '신형정수장비 운용'이라는 훈련과제를 도출했다면, 평가지표와 평가항목은 설치·해체·정비·운용뿐만 아니라, 자체 방호를 추가해 평가항목에 경계, 적 포병화력으로부터 보호받기 위한 방호벽 설치 등 방호태세를 갖추는 것까지를 포함해야 한다.

한편, 임무가 같더라도 부대별 특성과 상황에 따라 평가지표와 평가항목은 차별화되어야 한다. '평가하는 대로 훈련하는 성향'에 따라 최적화된 평가지표와 평가항목의 선정은 훈련의 방향타가 되어 전장의 요구를 충족하는 훈련의 시발점이다. 평가지표와 평가항목이 부실한 상태에서의 훈련은 임무와 관련 없는 훈련으로 부하를 노역자로 만들고, 귀중한 시간과 비용, 물자 등의 자원을 낭비하게 한다.

최적화된 평가지표와 평가항목은 핵심임무에 집중하게 하는 근거가 되며 METL[8]작성으로부터 시작된다. 작성한 METL은 2단계 상급지휘관의 승인을 받아야 하는데, 평가지표와 평가항목까지 승인범위를 확장해 검증할 필요가 있다. 승인 범위의 확장이 예하부대의 자율성을 침해하거나 행정소요를 증대시킬 수 있다고 할 수도 있다. 그러나 이는 승인목적이 아니라고 해도 당연히 작성되어야 하는 것으로 행정소요와는 관련이 없고, 반드시 최적화 여부를 검증해야 한다.

평가지표와 평가항목이 최적화되었다면 전투(훈련)결과를 냉정하고 합리적으로 평가해야 한다. 대부분의 부대훈련은 여전히 전통적인 훈련방식으로 전투(훈련)결과를 객관적으로 확인할 수 없다는 문제로, 결과에 기초한 과정평가가 아닌 과정 자체를 평가하게

8) METL(Mission Essential Task List, 임무필수과업목록)은 부대가 임무완수를 위해 필수적으로 훈련해야 할 과업을 모은 목록이며, 육군일반과업목록(Army Universal Task List: AUTL)을 기준으로 편제상 임무, 작전계획, 상급부대 지침 등을 고려해 작성한 것이다.

된다. 전투(훈련)의 평가는 결과에 기초해 과정을 평가하는 것이 합리적이지만, 그럴 수 없다고 해도 교범의 원리 · 원칙을 그대로 적용해 평가해서는 안 된다. 이는 원리 · 원칙을 맹목적으로 따르도록 습성화하는 결과가 된다. 상황에 따라 원리 · 원칙을 얼마나 유효하게 응용하고 적용했느냐를 평가해야 한다. 또한 전술지식이 풍부하고 경험 많은 평가관을 운용해야 한다.

한편, 훈련결과 평가, 사후검토 시에는 평가지표와 평가항목에 기초해 냉정하게 분석하고 제시해야 한다. 장시간의 훈련결과를 분석하고 보완소요를 도출하는 중요한 시간에 칭찬이나 교육에 대부분을 사용한다면 핵심과 본질을 망각한 것이다.

3-2

여건조성

실전적 훈련은 여건조성이 우선되어야 한다. 여건조성 없이는 실전적 훈련을 기대하기 어렵다는 것이 전문가들의 견해이며, 관점은 다양하다.

예컨대, “유형의 무기체계 발전에 대한 관심만큼 무형의 교육훈련에 대한 관심이 필요하다”, “교육훈련이 교육훈련전략의 큰 틀에서 체계적으로 이뤄져야 한다. “무기체계의 진화, 작전수행개념과 방법의 변화에 따라 교육훈련도 민감하게 대응하고 발전되어야 하며, 지체 없이 교리에 반영되어야 한다”, “대학교 등 민간 학교의 교과편성에 무기체계 관련 과목과 연계하여 같은 비중으로 교육훈련과목을 개설할 필요가 있다”, “교육훈련을 강조하는 만큼 현장에서 행동으로 구현되어야 한다. 이를 위한 강력한 동기유발과 강제화하는 제도 마련이 시급하다” 등 실전적 훈련을 위한 여건조성과 강력한 시행의지가 요구된다는 것이다.

교육훈련전략 수립, 체계적 추진

역사적으로 새로운 무기체계의 등장은 대응방법을 발전시키고, 더 진보된 무기체계 개발을 가져오게 하는 등 반복되어 왔다. 최초의 근대전이라 할 수 있는 미국의 남북전쟁[9]으로부터 우크라이나-러시아 전쟁, 이스라엘-하마스(이란) 전쟁에 이르기까지, 사람이 하던 전쟁에서 첨단 과학기술의 발전에 따라 로봇 등 과거에는 상상할 수 없었던 수단에 의한 전쟁으로까지, 육상에서 하던 전쟁이 해상과 공중은 물론, 사이버 및 우주 영역으로까지 확장된 전쟁으로 발전되어 왔다.

이러한 작전환경은 전략개념은 물론, 작전수행개념과 방법의 변화를 요구하고 있으며, 우리 군도 변화에 적응하기 위해 「국방혁신 4.0」(2023년 2월) 추진 등 지속해서 노력해 왔다. 그러나 다루고 있는 분야 대부분이 제4차 산업혁명기술 기반의 과학기술 강군을 육성하는 유형전력에 관한 것이며, 무형전력의 교육훈련 관련해서도 과학화훈련체계 구축[10]이라는 유형적인 수단의 발전에 중점을 두어 충분하다 할 수 없다.

교육훈련이 전력의 한 분야로써 전략서, 기획서, 계획서 등에서

9) 남북전쟁(American Civil War)은 노예제 존속을 둘러싼 갈등이 근본적인 원인으로 1861.4.12부터 1865.4.9까지 미합중국(북부연방)과 미연합국(남부연맹) 사이에서 벌어졌던 전쟁으로 북부가 승리했다.

10) 「국방혁신 4.0」에서 다루고 있는 교육훈련 관련 과학화훈련체계 구축은 가상모의훈련체계 구축, 과학화훈련장 구축, 마일즈체계 도입 확대, 전군의 표준화된 국방교육훈련관리체계 구축 등 4개 분야를 포함한다.

비중 있게 다루어지고 큰 틀 속에서 추진근거가 명확해진다면 교육훈련 발전은 가속될 것이다.

육군의 교육훈련 관련 규정에서도 학교교육규정과 부대훈련규정으로 구분해 각각 학교교육과 부대훈련을 "체계적으로 관리 및 시행하기 위해 필요한 제반 사항을 규정함을 목적으로 한다"라고 하고 있을 뿐, 큰 틀에서 무기체계 발전과 연계된 교육훈련개념과 방법의 발전, 실전에서 요구되는 능력을 갖추고 숙련하기 위한 방법과 훈련장 확보 등 체계적인 추진을 위한 설계와 실천계획은 찾아보기 어렵다. 규정이 법령의 조항으로 정해 놓은 것인 만큼 미래를 예측하고 설계해 반영하고, 체계적으로 추진될 수 있도록 하는 전략이 필요하다. 이를 구현하기 위해서는 현재는 물론이고, 미래 전장의 요구능력을 충족할 수 있도록 교육훈련을 설계하고, 단계적 추진계획을 담아 가칭 「합동교육훈련전략기획서(Joint Training Strategy Plan: JTSP)」를 발간해 추진근거를 제공하고, 체계적인 추진여건을 조성할 필요가 있다. 변화하는 작전환경 적응에 실패해 전쟁에서 패한 전쟁사의 과거 교훈을 거울삼아 시급하게 대안을 마련해야 한다. 가칭 「합동교육훈련전략기획서」는 「국방기본정책서(NDP)」, 「합동전략기획서(JMS)」에 기초한 「합동군사전략능력기획서(JSCP)」, 「합동군사전략목표기획서(JSOP)」와 같은 위상의 문서로 작성해 취급할 필요가 있다.

한편, 육군의 교육훈련과 관련해 야전교범[11]-기준교범[12] 7-0

11) 야전교범은 작전수행에 관한 기본적인 원리와 원칙, 준칙, 전술, 전기, 절차 등과 참고자료가 포함된 공식적인 교리문헌이다.
12) 기준교범은 국가목표와 연합·합동작전을 지원하기 위한 육군의 행동을 인도하는 원리·원칙과 전투수행기능을 수록한 육군의 최상위 교범이다.

『교육훈련』,[13] 야전교범-운용교범[14] 7-1 『교육훈련관리』에 근거하고 있으나, 무기체계 발전과 작전수행개념의 변화 등을 빠르게 반영하지는 못한다.

교범작성의 근거가 되는 상위 문서에 기초해 발전된 개념과 내용을 지체 없이 반영해야 하지만 기초를 제공하는 상위 문서의 제한, 정해진 교범발간 주기 등으로 어려움이 있다. 이는 가칭 「합동교육훈련전략기획서」 발간과 「교육훈련 규정」이 개정되고, 교범 발간주기가 탄력적으로 적용된다면 해소될 것이다.

새로운 시각으로 훈련장 확보 및 개선

현재 운용 중인 학교 및 야전의 훈련장은 대대급 이상의 부대가 전개해 훈련할 만한 공간이 확보되어 있지 않다. 게다가 소음과 분진, 도로 통행 불편, 위험성, 환경 훼손 등 민원으로 실전적으로 훈련할 수도 없다. 국내에서 훈련장을 추가 확보하려고 해도 현실성이 없다. 이미 설치된 훈련장도 이전하거나 폐쇄해야 하는 상황이다. 실전적 훈련을 위해서는 전향적인 대책이 필요하다.

---

13) 『교육훈련』 교범은 1984년 『교육훈련 요강』으로 최초 발간한 이래 1992년 기준교범과 운용교범을 통합했고, 2013년에는 기준교범을 다시 분리해 현재에 이르고 있다.

14) 운용교범은 기준교범에서 다루는 작전을 어떻게 수행할 것인가에 관해 원칙, 전술, 절차를 제시한 교범으로 교육훈련 전반에 대한 지침과 절차를 제공한다.

현실적인 방안으로 우선은 소규모의 분산된 육군·해군·공군·해병대뿐만 아니라, 경찰 및 소방 등에서 각각 운용하고 있는 훈련장을 통합해 권역화하고 공유하는 방안을 검토할 필요가 있다. 소규모 분산된 훈련장은 주민과의 접촉면이 넓어 주민 불편을 가중하고 민원을 야기한다. 유사한 훈련장을 각 군 및 기관이 각각 설치해 운용함으로써 예산소요가 많고 관리 등 운용의 효율성도 떨어진다.

훈련장 권역화와 병행해 미국과 같은 군사강국이 그러하듯이 해외 훈련장 확보에도 관심을 둘 필요가 있다. KCTC 과학화전투훈련체계와 같은 우리의 발전된 훈련수단과 방법을 충분한 훈련장 공간을 보유한 국가와 협력해 상생하는 방안을 고민해야 한다. 이렇게 하면 해외 파병을 위한 부대이동 훈련은 물론, 과학화된 훈련수단과 고도화된 훈련방법으로 현지 군인에 대한 위탁훈련을 통해 수익을 창출할 수도 있고, 국방한류에 기여하는 등 부가적인 성과도 기대할 수 있다.

독일은 2000년 자체 과학화전투훈련장(Combat Training Center: CTC, 육군과학화전투훈련장) 설치 전까지 자국 내에 위치한 미국의 CMTC(Combat Maneuver Training Center: CMTC, 전투기동훈련장)에 1회 사용료로 당시 기준 100만 달러를 지불하면서 위탁훈련을 한 사례가 있다. 과학화전투훈련의 중요성을 인식하고 있었기에 이 정도의 비용은 기꺼이 지불할 수 있었던 것이다.

한편, 지금과는 완전히 다른 개념으로 안전이 확보된 사격훈련장을 설치할 필요도 있다. 현재 군에서 운용하고 있는 사격장은 구조적으로 사고를 내재하고 있으며, 사고가 나면 소중한 생명은 물론, 국민으로부터 신뢰를 잃게 되고 군의 사기는 저하된다. 개방된 사격장 구조에 따른 위험요인을 통제방법으로 제거하는 데에는 한계가 있고, 실전적으로 사격훈련을 할 수도 없다. 따라서 구조적으로 위험을 제거한 사격장, 즉 이미 미군에서 일반화되어 있는 가칭 '차단벽사격장[15]'을 모델로 해 설치할 필요가 있다. 많은 예산이 소요되지만, 소중한 인명을 보호하고, 마음 놓고 사격할 수 있다면 가치 있는 일이다. 세계 6위의 군사력을 갖춘 군사강국으로서 이 정도의 문제는 해결할 수 있어야 할 것이다. 필자가 육군본부 교육훈련지원과장 재직 시 가칭 '차단벽사격장' 설치 필요성을 제기한 바, 비록 7년의 시간이 지나긴 했지만 2024년 1월 설치한 사례(전북 인산에 전군 최초 설치)가 있어 다행이다. 확산 설치되기를 기대한다. 모든 재래식 사격장을 단기간에 차단벽사격장으로 개선하기 위해서는 수조 원의 예산이 소요되어 제한되지만, 5년 또는 10년의 기간 동안 단계적으로 추진한다면 가능한 일이다. 국민적 공감대 형성과 정책반영이 필요하다.

15) 가칭 '차단벽사격장'은 방탄판을 이용해 전후좌우 및 지붕을 덮는 형태로, 전후좌우는 방탄벽 형태로 하고 지붕은 여러 개의 방탄판을 사선으로 설치해 탄약이 충격되면 지면으로 떨어지도록 설계한 사격장이다. 이러한 구조는 탄이 사격장 외부로 벗어날 수 없고 소음을 감소시키는 기능을 한다. 사격장의 군인은 물론이고, 지역주민의 안전을 보장하고 불편을 해소할 수 있다.

훈련평가결과 인사관리에 반영

'훈련 잘하는 부대, 훈련 잘하는 지휘관(자)'이 인정받아야 한다고 늘 강조되어 왔다. 그러나 각종 훈련평가결과는 인사관리에 미치는 영향이 미미함으로 인해 부대훈련과 평가에 대한 관심이 부족하고 결과적으로 "적과 싸워 승리한다"는 교육훈련의 역할과 최종상태를 달성하는 데 기여하지 못한다. 훈련평가결과를 진급의 당락을 결정하는 정도로 인사관리의 지배적인 요소로 반영할 필요가 있다.

전쟁을 억제하고, 적과 싸워 이기는 것이야말로 군인이 존재하는 이유다. 이를 위해서는 싸워 이기기 위한 능력을 갖춰야 하며, 이는 오직 훈련으로만 가능하다. 훈련을 통해 싸워 이길 수 있는 능력을 평가하고, 평가결과에 따라 인사관리를 하는 것은 당연하다.

PMC 도입, 전문성 활용

PMC(Private Military Company, 민간군사기업)는 전쟁과 밀접하게 연관된 전문적인 서비스를 제공하는 민간사업체로 교전, 전략입안, 첩보활동, 위험평가, 작전지원, 군사훈련, 전문기술 등의 군사기술을 지원하는 데 주력하는 법인체다. PMC의 넓은 업무 영역 중에서 눈여겨 볼 만한 분야는 경험이 풍부한 군사훈련 전문가에 의한 실전적 훈련환경 조성과 훈련의 '질'을 향상시킬 수 있다는 것이다. 그 외에도 병역자원 부족[16]의 부분적인 해소(비전투직위의 현역을 전문성을 가진 PMC 직원으로 대체하고 전투직위로 전환)와 지역주민과 상생할 수 있는 등 순기능적 역할을 해낼 수 있다.

북한의 도발 및 위협 수위가 높아지는 상황에서 병역자원 부족과 복무기간 단축, 부대개편에 따른 지역 인구 감소 및 지역에 대한 각종 규제 등 군 내·외부 환경은 새로운 대안을 요구하고 있다. 병력자원 부족과 복무기간 단축은 필수직위의 공석을 증가시키고 낮은 전투숙련도로 임무수행의 제한을 초래하고, 부대개편에 따른 지역 인구 감소 및 지역에 대한 각종 규제는 주민의 생계를 어렵게 해 지속해서 민원을 증가시키고 있다. 이러한 상황에서 군사 분야의 전문성과 체계적인 경영체제를 갖춘 PMC의 도입은 좋은 대안이다.

PMC가 갖는 군사 원리적 측면과 경제 원리적 측면을 모두 고려해 PMC의 분류를 시도한 싱어[17]는 PMC를 군사공급기업,[18] 군사자문기업,[19] 군사지원기업[20]의 세 가지 유형으로 분류했는데, PMC

16) 병역자원으로서 20세 남성인구는 2021년 29만 명에서 2035년에는 23만 명, 2040년에는 13만 명으로 감소할 것으로 전망된다. 저출산이 병력자원 부족을 초래해 심각한 안보문제로 대두되면서 극복해야 할 중요한 문제로 등장했다.

17) 싱어(Peter Warren Singer)는 민간 군사 및 보안회사에 대한 연구로 잘 알려진 미국의 학자이자 작가이며, 브루킹스연구소(The Brookings Institution)의 국가안보연구원으로 활동했다.

18) 군사공급기업(Military Provider Firms)은 전선의 최전방에서 직접 전투를 수행하는 PMC다. 군사공급기업과 거래하는 전형적인 고객들은 대개 긴박한 상황에 직면한, 비교적 군사역량이 부족한 곳이다.

19) 군사자문기업(Military Consulting Firms)은 군사자문 및 훈련용역을 제공

의 유형은 우리가 PMC를 합법적으로 도입하려 할 때 어디까지를 얼마나 도입할 것인가의 기준이 된다.

PMC는 미국과 독일 등 군사강국에서 이미 성과가 입증되었고, 많은 분야에서 활동하고 있다. PMC 제도는 국방력을 강화하고 국가 경제발전에도 기여한다는 연구결과와 우리가 처한 상황을 고려할 때 PMC의 도입 이유는 분명하며, 도입 시기를 최대한 당겨야 하는 문제만 남아 있다.

PMC를 운영하면서 효율성 문제, 윤리적 문제, 보안문제, 비용문제도 일부 발생하고 있는 것이 사실이지만 이들 국가가 PMC를 도입한 주된 이유는 ① 비싼 돈을 들여 MCF(Military Contractor Force, PMC에서 고용된 군사 계약자)와 계약하고 훈련하는 것은 실전적 훈련을 위함, ② 훈련부대와 대항군 모두가 군인인 훈련만 반복하다 보면 전술·교리 발전이 지체되고, 급변하는 작전환경 요구를 그때그때 반영하지 못함, ③ PMC의 우수한 전술·교리는 곧 회사의 경쟁력이자 돈, 누가 전술·교리 개발과 직원 정예화에 더 적극적일지 분명, ④ 국방부는 국방부만이 할 수 있는 전투에만 주력, 군의 부담 경감, ⑤ 전역군인, 지역주민의 능력 활용 및 취업지원 등이다.

하는 기업, 즉 군사고문단의 역할을 하며 군대의 운영이나 훈련에 교관단이나 자문을 제공하거나 가상 적군 역할을 맡아 훈련 스파링파트너 서비스를 제공하는 기업이다. 군사자문기업은 주로 전역 군인이나 현직에 있지 않는 군사전문가들이 담당한다.

20) 군사지원기업(Military Support Firms)은 군사공급기업과 군사자문기업의 영역을 제외한 나머지 영역에서의 부수적인 군사용역을 제공하는 기업이다. 즉, 병참, 정보, 기술 지원, 의료, 보급, 수송 등 후방지원 서비스 제공을 비롯해 비살상(非殺傷, Nonlethal) 지원 및 조력 등을 모두 포함한다.

PMC와 관련한 기존의 연구결과 또한 PMC가 국가안보 관련 기술 외부 유출 우려, 인권침해, 환경오염 등 문제 발생 가능성을 제기하면서도 ① 비용절감, ② 고 기술 무기체계 개발 등에서 중요한 역할, ③ 높은 수준의 전문성과 노하우를 활용, ④ 국방력을 강화하고 안보적 이점을 얻을 수 있다는 점 등이 강조되었다.

PMC의 역할을 통해 국가나 기업 등은 군사적인 지식과 경험이 필요한 분야에서 더 빠르고 효율적인 지원을 받을 수 있다. 하지만, PMC 중 무기를 들고 직접 전투를 수행하는 군사공급 분야는 현행법상 특별법을 제정하지 않는 한 도입하기 어렵다. 따라서 PMC 도입을 위해서는 우리 실정에 맞는 운영모델을 정립하고 제도화해야 한다. 우선은 국민적인 공감대가 필요하며, 인증절차 등 법적 · 제도적 장치 마련, 시범사업(사업범위, 부대 등)을 통해 실효성을 검증하고 확대할 필요가 있다.

시범사업 대상부대 선정과 관련해 여러 의견이 있을 수 있으나 ① PMC 확대 도입 기반 구축을 위한 시범사업 목적 부합성, ② 군사자문 및 지원 분야를 망라해 넓은 분야의 PMC 도입과 유용성 검증 가능성, ③ 경험이 풍부한 군사훈련 전문가를 활용할 수 있는 PMC의 장점 최대 활용성, ④ 빠른 사업 추진, 적은 예산으로 다양한 분야의 PMC 운영 성과평가 가능성, ⑤ 전시임무 소요가 없고, 전투 직위로의 전환 병력 다수 확보 가능성, ⑥ 군사 강국 미국의 NTC[21] 성공사례 등으로 볼 때 KCTC를 우선 고려할 수 있으며,

21) NTC(National Training Center, 국립훈련센터)는 캘리포니아 주 모하비사막 포트어윈 기지에 있으며, 69km×55km 규모의 전투훈련장에서 여단급부대의 과학화전투훈련을 담당한다. 전투훈련장에는 모의 시가지, UGF

그 외 BCTP,[22] 학교부대, 군수부대나 경계부대가 우선 대상으로 적합할 것이다.

시범사업을 추진할 때는 법 및 규제, 윤리적 측면, 운영 및 관리, 이해관계자 소통, 재정적 측면, 안전 및 보안, 평가 및 피드백 메커니즘 등을 고려해 신중한 검토와 철저한 준비가 필요하다. 특히, 조사 훈련 및 평가를 수행하는 경우에는 활동 목적 및 범위의 명확성, 전문가의 자격 및 역량 검증, 훈련 관찰 및 평가의 신뢰성과 공정성, 훈련 프로그램의 적응성과 유연성, 데이터 보안 및 비밀 유지, 평가결과 활용방안, 지속적인 모니터링 및 개선, 법적 및 윤리적 기술 준수 등을 종합적으로 고려해 계획하고 실행하는 것이 중요하다.

(Underground Facility, 지하시설) 등이 설치되어 있다.

22) BCTP(Battle Command Training Program Group, 육군전투지휘훈련단)는 대전 자운대에 위치하며, 1993년 창설되어 첨단 컴퓨터 모의기법을 이용해 사단급 및 군단급 지휘관과 참모의 전투지휘능력을 향상시키기 위한 훈련을 담당한다.

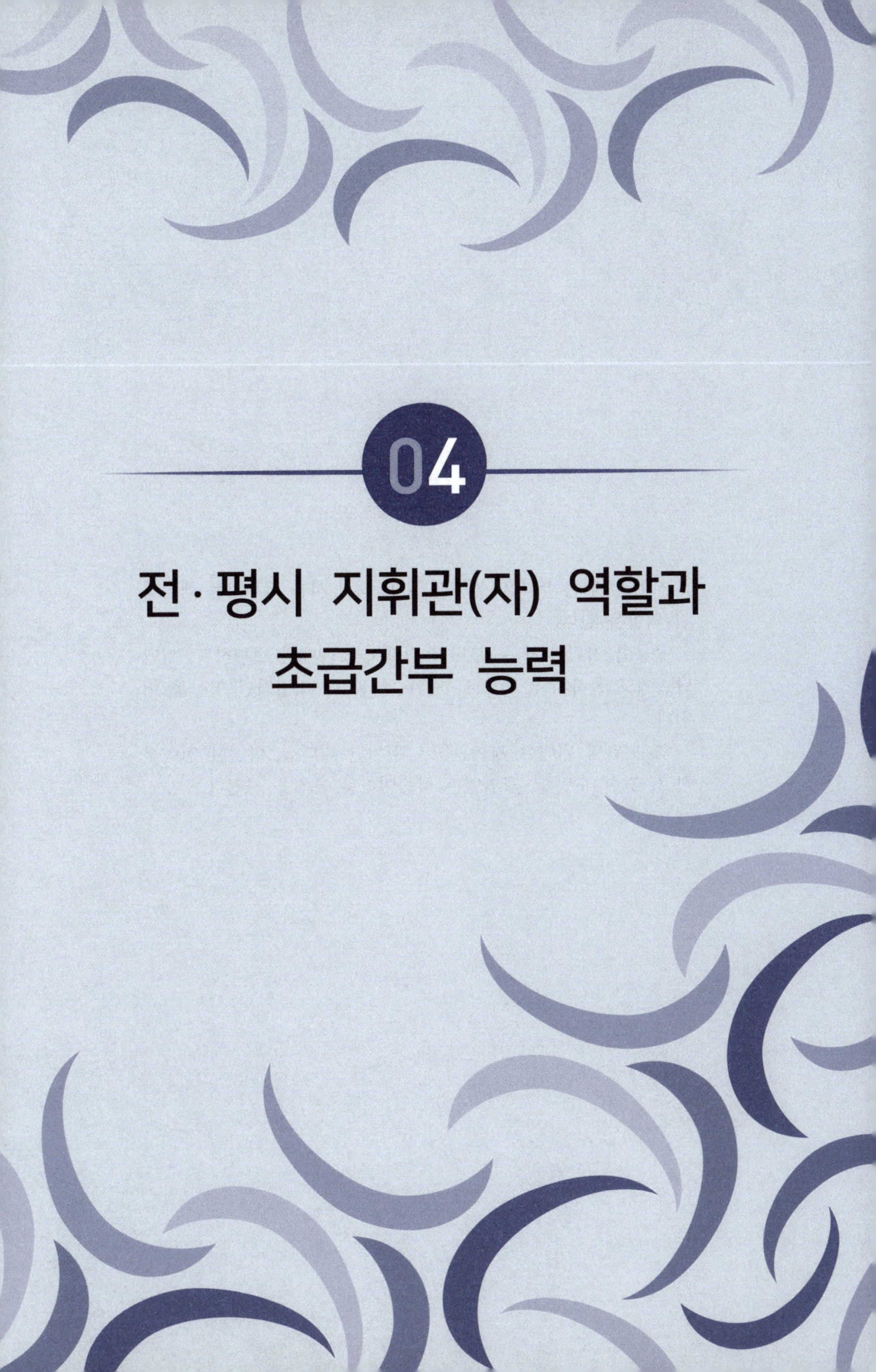

04

전·평시 지휘관(자) 역할과 초급간부 능력

지휘관(자)은 부대의 성공과 실패, 생과 사를 좌우하는 핵심적인 역할을 한다.

훌륭한 지휘관(자)은 부하가 잠재력을 최대한 발휘하고, 어떤 난관에도 굴하지 않고 임무를 완수하는 데 직접적인 영향을 미친다.

역사 속의 위대한 지휘관들은 뛰어난 리더십, 탁월한 전략적 사고, 강한 도덕성, 끊임없는 학습이라는 특징을 가진다.

4-1

전 · 평시 지휘관(자)의 역할

지휘관(자)은 누구나 할 수 있는 직책이 아니다. 푸른 견장을 했다고 해도 그 자체로 지휘관(자)이라 할 수는 없다. 진정한 지휘관(자)이란 요구되는 조건을 충족해야 하는 특별한 직책이다.

지휘관(자)은 부하를 피곤하게 만들고, 가치 없는 일에 혹사하고, 전투에서 가치 없이 죽게 만들지 않는다.

지휘관(자)은 오직 싸우기 위한 칼을 갈을 가는 데 집중해야 하며, 외형의 칼집 치장에 관심을 둬서는 안 된다.

지휘관(자)에게는 모든 군인에게 요구되는 기본적인 품성과 자질 외에도 특별함이 요구된다. 요구되는 조건을 충족한 지휘관(자)을 선발하는 것이 최선이겠지만, 스스로 부족한 부분을 충족함으로써 진정한 지휘관(자)이 되어야 한다.

전장의 당황하고 경악할 만한 상황을 외면하지 말라.

마찰과 불확실의 전장에서 당황하고 경악할 만한 상황은 무수히 발생한다. 이러한 상황에서 당황하거나 경악함이 없이 평정심을 유지하고 적극적으로 대응해야 한다. 대응할 능력이 없거나 대응할 자신이 없다고 스스로를 평가하고 외면한다면 무방비 상태로 적을 기다리는 것과 같다.

당황하고 경악할 만한 상황에 효과적인 대응 여부는 평시 훈련 경험에 달려 있다. 스스로에게 질문해 보자. "훈련 간 당황하고 경악할 만한 상황에 직면해 보았는가?", "해결하기 위해 적극적으로 노력했는가?" 그렇다면 마찰과 불확실의 전장을 체득하고 훌륭한 지휘관(자)[1]이 되는 좋은 경험을 한 것이다. 외면했다면 실전적이지 않은 훈련에 시간을 낭비한 것이고, 귀한 경험기회를 스스로 버린 것이다. 당황하고 경악할 만한 상황을 많이 경험할수록 지휘관(자)으로서의 능력은 향상된다.

전투가 특정한 절차대로 진행된다는 인식에서 벗어나 전장의 마찰과 불확실성을 인정하고, 당황하고 경악할 만한 다양한 상황을 상정하고 대응방법을 발전시켜 훈련하는 것, 훈련시키는 것이야말로 지휘관(자)의 역할이다.

---

1) 지휘관(Commander)은 중대 이상의 부대를 지휘하는 책임자로 중대장 · 대대장 · 연대장 · 사단장 등이며, 지휘자(Leader)는 소대 이하의 부대를 지휘하는 책임자로 소대장과 분대장이 해당된다.

위기를 식별하고 관리하라.

전장에서 발생하는 모든 상황은 위기상황이며, 예측해 미리 대비하는 것이 최선이다. 또한 지속되는 위기상황 중 전투에 미치는 영향 정도를 빠르게 판단해 식별하고, 적절하게 관리함으로써 전투력의 효율적인 운용과 성공적인 전투가 가능하다. 위기의 예측과 식별 및 관리는 지휘관(자)에게 요구되는 중요한 능력이다.

위기[2]의 신호는 늘 존재하며, 얼마나 빠르게 식별하고 어떻게 관리하느냐에 따라 확대 또는 축소되고, 전화위복의 계기가 되기도 한다.

위기관리의 성공 여부는 위기의 신호를 조기에 파악·분석해 빠르게 대응전략을 수립하고 실행할 수 있느냐에 따른다. 각종 첩보 수집수단을 활용해 전장을 모니터링하고 종합적인 분석과 평가를 통해 위기신호를 조기에 식별해야 한다. 또한 발생할 위기상황을 예측하고, 대응방법을 구상해 전술예규나 작전계획 등에 반영하고, 즉각적으로 실행할 수 있는 태세를 갖춤으로써 빠른 대응이 가능하다. 어떤 경우에는 직관이 요구되기도 한다.

누구에게나 동일하게 보내지는 위기의 신호를 예측하고 조기에 식별하지 못하거나, 식별하고도 무시하거나 대응할 수 없다면 위

2) 위기는 예측이 가능한 위기와 그렇지 않은 위기로, 예측 가능한 위기는 '회색 코뿔소', 예측할 수 없는 위기는 '검은 백조'라고 하는 경제용어로서, 위기와 관련해 일반적으로 사용되고 있다. 가상화폐 및 주식시장은 '회색 코뿔소', 9·11사태, 코로나19 등은 '검은 백조'라고 할 수 있다.

기상황은 급속도로 확대되어 아무것도 할 수 없는 상황에 이르게 된다.

상황을 냉정하게 평가하라.

"상황을 냉정하게 평가하라"는 복잡하고 위험한 상황에서도 명확하고 합리적인 판단을 해야 한다는 것이다. 이는 극한의 스트레스와 긴박한 상황에서 감정에 휘둘리지 않고 차분하게 판단하는 감정통제, 상황을 편견 없이 객관적인 사실에 의해 평가하는 사실기반 분석, 단편적인 정보나 상황에 치우치지 않고 다양한 출처의 정보를 전체적인 전황과 맥락에서 종합적인 판단, 현재 상황을 토대로 향후 전개될 가능성을 예측하는 미래예측 등을 통해 합리적으로 판단하는 능력이다.

전장에서 수집되는 많은 첩보를 사실과 허위로 구분해 신뢰할 수 있는 정보를 생산하고 평가하는 일은 어렵다. 치열한 전투와 혼란 속에서 예하부대의 보고는 부정확하거나, 보고과정에서 오해, 조작 또는 지연되기도 하고 중간에 없어지기도 한다. 또한 곳곳에서 발생하는 상황은 지휘관(자)의 관심을 분산시켜 냉정한 상황평가[3]를 방해하는 요인으로 작용한다. 이러한 요인은 자칫 상황을

3) 영국군 장군 몽고메리(Bernard Law Montgomery, 1887~1976)는 "군사지도자가 취해야 할 유일한 태도는 행동방책에 대해 적시 적절하게 결단을 내릴 것과 위기에 직면했을 때 냉정성을 잃지 않는 데 있다"고 강조했다.

지나치게 낙관적이거나 유리하게 평가하거나, 지나치게 비관적이거나 불리하게 평가하게도 한다. 지휘관(자)은 예기치 않은 상황에서도 평정심을 유지하고, 상황을 냉정하게 평가해 유연하게 대처할 수 있어야 한다.

상황을 냉정하게 평가하는 능력은 훈련경험을 통해 전장을 이해하고 경험을 축적함으로써 향상된다.

작전지침, CCIR을 직접 작성해 제시하라.

작전지침과 CCIR[4])을 지휘관이 직접 작성해 제시하는가?

작전지침과 CCIR은 참모와 예하부대에 노력의 집중방향을 제시하고, 지휘관이 작전수행 간 적시에 적절한 결심을 위해 필요로 하는 것으로 지휘관이 직접 작성해 제시(서면 또는 구두)해야 한다. 이를 참모가 작성하게 하고 검토한다면 자신의 요구사항이 정확히 제시되지 않을 뿐만 아니라, 노력과 시간, 전투력을 낭비하게 된다.

수행할 과업, 효과평가, 정보활동 중점, 핵심표적 선정 등은 지휘관이 직접 제시한 작전지침, CCIR과 연계성이 있어야 하며, 가능한 유사한 도구는 통합해 노력의 집중을 보장하고 불필요한 행정

4) CCIR(Commander Critical Information Requirement, 지휘관중요정보요구)은 PIR(우선정보요구), FFIR(우군정보요구)을 포함한다. PIR은 결심과 계획에 필요한 적 능력 및 작전환경과 관련되는 정보사항이며, FFIR은 지휘관이 결심과 계획을 위해 자신의 부대에 관해 반드시 알아야 하는 정보다.

소요를 제거해야 한다.

필요한 시간과 장소에 위치하고, 빠르게 결심하라.

유능한 지휘관(자)은 중요한 현장에 적시에 위치해 상황을 정확히 평가하고 빠르게 결심한다.[5] 지휘통신체계가 갖춰진 곳에서 지휘한다는 명목으로 늘 주지휘소의 자리만을 지켜서는 전장을 정확히 파악할 수 없으며, 고통과 공포, 피로에 지친 전투원의 전투의지를 고양할 수도 없다. 그렇다고 해서 무조건 현장에 위치해야 한다는 것은 아니다. 중요한 국면을 판단하고 그 위치에 있어야 한다는 것이다.

첨단 지휘통신체계와 기동성을 갖춘 지휘소는 지휘관의 위치에 제한을 덜 주지만, 주지휘소에 위치해 지휘관을 대신할 수 있고 신뢰할 수 있는 능력을 갖춘 참모장과 참모가 있다면 지휘관의 현장 활동은 증가할 수 있다.

지휘관이 현장에 위치한다는 것은 정확한 상황평가, 빠른 결심과 대응을 가능하게 해 효과적으로 전투력을 운용할 수 있다는 것이다. 이는 잘못된 판단, 불필요한 지체, 우유부단으로 결심을 지연할 개연성을 최소화할 수 있다.

---

5) 독일군 장군 롬멜은 "지휘관은 전장에서 전개되는 모든 상황을 정확히 파악하기 위해 최전선에 나가야 하며, 자기의 입장은 물론 상대적인 입장도 아울러 분석평가해야 한다"라고 지휘관의 위치와 역할을 강조했다.

사사건건 간섭하지 말라.

전장의 곳곳에서 발생하는 상황을 종합적으로 평가하고 결심해야 하는 지휘관이 무엇이 중요한지 핵심을 망각하고 예하부대가 충분하게 대응할 수 있는 상황까지를 일일이 관여해서는 안 된다. 사사건건 관여하고 간섭한다면, 예하부대의 전투 지속성을 단절하고 자발성과 창의성을 약화해 적시에 효과적으로 대응할 수 없게 만든다. 이러한 식의 관여가 지속되면 화장실 가는 것까지 보고해 승인받으려 하거나, 위급상황에서 "쏠까요? 말까요?"를 묻는 어처구니없는 상황에 이르게 만든다. 시시각각 변하고 민첩하게 대응해야 하는 전장에서 매 상황을 보고하고 명령을 기다리는 분위기라면, 창의적인 조치를 제한하고 대응속도를 둔화시킨다.

평시부터 임무형지휘[6]를 통해 분권화된 전투를 수행하고, 예하부대가 임무를 달성하도록 여건을 조성하는 자신의 역할에 충실해야 한다. 지휘책임의 한계를 명확히 하고 무한책임을 벗어나기 위해 나타나는 간섭을 배제해야 한다. 또한 지시에 대한 복종이 현명한 처세라는 분위기에서 법과 규정에 의한 지휘를 통해 명령이나 지시가 없더라도 주도적으로 임무를 수행할 수 있도록 해야 한다.

전장에서 실수나 과오가 있어서는 안 된다는 무결점주의에 따른

6) 임무형지휘는 부하에게 자신의 의도와 부대가 수행해야 할 임무를 명확하게 제시하고, 임무수행에 필요한 자원과 수단을 제공해 예하 지휘관의 임무수행 여건을 보장하되, 임무수행방법은 최대한 위임해 예하부대가 자율적 · 창의적 · 적극적으로 임무를 수행하도록 하는 지휘방법이다.

여과 없는 보고, 실수를 감추려는 성향을 제거하고, 주기적인 전술토의 등으로 공통된 전술관과 전술지식을 공유해야 한다.

명령의 이행 여부를 확인하라.

명령을 잘 작성하는 것도 중요하지만 행동으로 실천하는 것은 더 중요하다. 전장의 현실을 이해한다면 명령의 이행 여부를 반드시 확인해야 한다. 그러나 전장에서 명령을 빠르게 작성하고 전달하는 것에 관심을 두는 만큼, 이행 여부에 대한 확인과 감독, 이를 통한 명령의 변경 등에는 소홀할 수 있다.

명령의 이행 여부는 이어지는 명령과 지시, 협조 등 전투력 운용방향을 결정하는 조건으로 이행 여부가 확인되지 않았다면 어떻게 해야 할 것인지의 방향을 잃게 된다. 따라서 명령의 행동화 여부는 전반적인 전투력 운용방향을 결정하는 중요한 과정으로 명령에는 반드시 확인과 감독이 따라야 한다. 확인과 감독을 통해 제한사항을 식별하고, 이행할 수 없다면 명령을 변경하거나 새로운 명령을 발행해 상황에 대처할 수 있어야 한다. 명령의 이행 여부 확인 없이 명령을 수시로 변경하거나 새로운 명령을 하달한다면 예하부대는 혼란에 빠지게 되어 싸우는 목적을 망각하게 되고, 결국에는 혼란을 수습하느라 전투를 할 수 없는 상황에 이르게 된다.

화력자산을 효과적으로 운용하라.

전사에서 피해 발생은 주로 포병 및 항공기, 다음으로 기관총 및 박격포, 소총 등 직사화기, 기갑 순으로 나타난다. 우크라이나-러시아 전쟁, 이스라엘-하마스(이란) 전쟁에서도 피아 간 최대의 손실은 포병에 의해 발생했고, 가장 많은 탄약이 사용된 것도 포병이다.

예하부대의 임무달성 여부는 상급부대의 포병화력에 달려 있다고 해도 과언은 아니며, 효과적인 포병화력 운용은 지휘관의 가장 중요한 역할이라 할 수 있다. 사거리가 연장되고 파괴력이 향상되면서 역할 비중은 급속도로 확대될 것이다. 그러나 탄약의 확보와 수송문제는 해결해야 할 가장 큰 문제다. 적정수준의 탄약 보유, 수송 간 지형 및 적의 위협을 극복하는 문제, 하역을 위한 장비의 부족문제 등은 해결해야 할 과제다.

한편, 현대 전장에서 정찰 및 감시, 전자전, 물류 및 보급 외에도 자폭, 정밀타격 등 화력 자산으로까지 광범위하게 활용되는 드론에 주목할 필요가 있다. 우크라이나-러시아 전쟁, 이스라엘-하마스(이란) 전쟁에서 드론이 단순히 정보자산으로서가 아니라 여러 분야에서 광범위하게 활용되고 역할 비중 또한 증대되었다.

드론은 이제 단순한 지원 장비를 넘어 전투의 핵심 요소로 자리한 것이다. 드론의 발전은 전쟁양상을 변화시키는 미래 전장에서 필수적인 수단으로 지휘관(자)은 드론에 대한 깊은 지식과 운용능력을 갖춰야 한다.

장비 전용, 민간드론을 사용할 때는 신중하라.

전장에서 최적화 운용 중인 장비를 불가피하게 전환하거나, 현지에서 장비를 획득해 사용해야 하는 상황이 발생한다. 그러나 장비의 특성이나 성능을 정확하게 이해하지 못한 상태에서의 전용, 현지에서 획득한 장비 사용의 취약점 분석 없이 운용한다면 현행 임무와 전환임무 모두 그르칠 수 있다.

상항에 따라 다르긴 하지만, 지상감시장비인 TOD를 현행 임무에서 전환해 적 무인기 식별을 위해 공중감시 임무를 부여했다고 하자. 새로운 임무에 대한 유효성 검증이 안 된 상태에서 현행 임무에 공백을 발생시키면서까지 전환할 때는 충분하게 득실을 따져봐야 한다. '적 무인기 식별' 임무가 매 훈련 간 어김없이 수행되지만, 검증되지 않은 수단과 방법으로 장비를 전용하는 사례는 안타깝다. 예하부대 입장에서는 다른 대안이 없고 뭐라도 해야 하는 심정으로, 유효성에 대한 확신 없이 장비를 전환해 운용하는 현실이다. 적 무인기 공격이 명확한 상황에서 상급부대 차원에서 최적화된 장비를 확보(개발)하든지, 당장에 제한이 있다면 현 여건에서 할 수 있는 수단과 방법의 전투실험 등 최소한의 조치가 있고 난 후에 운용되어야 한다. 다행히도 2024년 5월 적의 무인기를 탐지, 식별, 무력화할 수 있는 '대드론통합체계' 구축 사업이 본격적으로 추진되고 있어 전력화되면 적의 무인기 공격에 대응할 수 있는 능력을 갖출 것으로 예상된다.

한편, 민간드론을 공중정찰에 운용하는 사례가 다수 있는데, 특히 도시지역에서 운용할 때는 충분한 검토가 요구된다. 도시지역에서 민간드론을 사용할 경우, 적이나 적에게 동조하는 불순세력의 드론 운용과 혼재되어 피아식별이 제한되고, 이에 따라 예상치 못한 문제가 발생할 수도 있다. 보안에 취약한 민간 상용무전기 사용 등도 마찬가지다.

전투실시간 회의를 목적에 부합하게 하라.

전투에 집중하고 있는 지휘관(자) 및 참모를 대상으로 하는 회의는 자칫 현재의 임무수행에 방해가 될 수 있음을 이해해야 한다. 제한을 감수할 만큼 긴박하고 중요한 상황이 아니라면 회의에 신중해야 한다. 또한 상황의 중요성에 의하지 않고 지휘통제주기[7]에 따라 관행적으로 수행하는 회의는 지양해야 한다.

회의결과 참석자가 "이 회의를 왜 했으며, 회의를 통해 무엇을 얻었는지"가 분명하지 않다면 무의미할 뿐만 아니라, 현형작전의 부실을 초래하고 전투의지를 상실하게 한다.

전투실시간 회의는 중요한 상황 또는 중요한 국면에서 회의 목적과 최종상태, 종료시각을 분명히 해야 한다. 또한 최소 인원으로 한정하고, 원격 등으로 소집을 지양하고 별도의 회의준비 소요 없이 ATCIS를 활용해 핵심 위주로 짧게 해야 한다.

7) 지휘통제주기는 지휘관과 참모, 기능 실의 주요 활동을 통상 일일단위로 정리해 놓은 회의 주기다.

자신의 ATCIS를 직접 운용하라.

ATCIS는 전장을 가시화하고 결심에 필요한 정보를 식별할 수 있는 도구다. ATCIS는 지휘관 영역이 별도로 구성되어 있으며, 명령과 지시를 할 수 있도록 메뉴가 구성되어 있다. 따라서 지휘관 앞에 설치된 ATCIS는 지휘관이 직접 운용해야 한다. 그렇게 해야 전장의 상황을 빠르고 정확하게 이해할 수 있으며, 작전지침이나 CCIR을 적시에 제시하고 요구함으로써 실시간 전투지휘가 가능하다.

누구에겐가 이를 대신하게 한다면 지휘관 영역의 ATCIS는 무용지물이 되어, 차라리 필요한 전투원에게 전환해 운용하도록 하는 편이 낫다.

칼집 치장이 아니라 칼을 가는 데 집중하라.

"당신은 지휘관(자)인가?", "장수는 칼을 가는 데 집중하지, 칼집 치장에 관심을 두지 않는다." 지휘관(자)은 임무와 역할을 명확히 인식하고 칼, 즉 "이겨놓고 싸우는 훈련방법, 이길 수 있는 정신은 무엇인가?"에 역량을 집중해야 한다. 그렇지 않고 칼집, 즉 인기나 주변의 관심이나 형식에 몰두하고, 칼을 가는 일, 즉 임무와 역할의 본질을 망각해서는 안 된다.

칼집 치장에 관심을 두지 않고, 칼을 가는 데 집중하고 있다면 당신은 진정한 지휘관(자)이자 전투전문가다. 반대로 칼집 치장에만 관심을 두고 칼을 가는 데 소홀하다면, 당신은 지휘관(자)도 군인도 아니며 빨리 군을 떠나야 한다.

개인과 부대의 전투력 발휘수준을 명확히 파악하라.

"우리 부대, 각개 전투원은 싸울 준비가 되어 있는가? 전투력 발휘수준을 명확히 알고 있는가?"에 대한 질문에 자신 있게 답할 수 있다면 이미 이길 수 있는 형세를 만들었다고 할 수 있다. 그렇지 않다면 싸울 준비가 되었다고 할 수 없다. 나를 모르고 싸울 수는 없다.

부대훈련 간 여러 번의 평가에도 불구하고 부대와 각개 전투원의 전투력 발휘수준을 명확히 알기란 어렵다. 안다고 해도 정확할 개연성은 낮다. 이는 전투력 발휘수준을 대변할 수 없는 평가지표와 평가항목의 선정, 실전적인 훈련, 냉정한 평가가 이뤄진다면 해결할 수 있는 문제다. 문제의 원인을 식별하고 해결함으로써 부대와 각개 전투원의 전투력 발휘수준을 명확히 파악할 수 있어야 한다. 이것이 곧 나를 아는 것이다.

훈련방법을 창의적으로 구상하라.

실전적이지 않은 환경에서 반복적이고 강압적인 분위기의 훈련은 사기와 자발성을 저하시키고 부작용을 초래한다. 지휘관(자)은 늘 하던 대로가 아니라, 실전적 훈련을 위해 창의적인 방법으로 전투원에게 동기와 의미를 부여하고, 흥미를 유발하면서 성과를 높일 수 있어야 한다.

예컨대, 현재의 특급전사(육군의 자격인증제도) 양성체계는 체력, 사격, 정신전력, 주특기 등을 과목단위로 평가해 선발하는 제도인데, 이 선발체계가 "전장에서 활용성을 더 높일 방법은 무엇인지, 자발성을 유도할 동기가 충분한지"에 기초해 창의적으로 발전시켜 적용한 사례를 소개한다. 이는 선발된 특급전사를 대상으로 가칭 '특공전사'를 양성하는 방법에 관한 것이다. 특공전사 양성개념은 악조건의 전장환경에서 이를 극복하고 임무를 달성하는 과정에서 체력, 사격, 정신전력, 주특기 등을 종합적으로 평가해 선발하는 것이다. 또한 특공전사에 선발된 자에게는 독도탐방, 장기간의 휴가, 조기 진급 등 파격적인 인센티브를 제공해 스스로 하도록 유도하는 것이다.

부대마다 임무와 여건에 따라 방법이 다를 수 있지만, 특공부대를 대상으로 한다면, 우선 기동거리를 10km로 하고 곳곳에 적을 배치해 위협이 존재하는 전장환경을 조성하고, 전 구간에 위험상황을 통제하기 위한 안전통제관을 배치한다. 수행방법은 ① 군장을 멘 상태로 적의 위협을 회피하면서 3km 급속 이동(체력, 독도법,

침투기술), ② 절토지 장애물에 봉착해 군장을 옮기는 등 스스로 판단한 방법으로 외줄 극복(체력, 장애물 극복기술), ③ 3km를 급속 이동하면서 적의 포병진지를 식별해 편제 통신장비로 화력요청(독도법, 침투기술, 적 장비 식별, 표적위치결정, 화력요청), ④ 2km를 급속 이동해 적을 발견, 총상 및 응급처치, 편제화기 분해결합 후 즉각조치사격(독도법, 침투기술, 구급법, 편제화기 사격), ⑤ 1km 급속 이동, 이동 중 적에게 포로가 되어 심문(독도법, 침투기술, 정신전력), ⑥ 최종 1km를 급속 이동해 목표지점에 도달(독도법, 침투기술)하는 과정 전반을 종합적으로 평가[8]하는 것이다. 한편, 팀워크 배양을 위해 분대단위로 평가하는 방법도 있을 수 있다. 이러한 방법은 스스로 목표를 설정해 지속해서 노력하는 분위기를 조성하고 전우애 함양, 고립감 해소, 창의적인 사고 등 전장의 요구에 포괄적으로 대응할 수 있는 능력을 갖추게 한다.

훈련에 제한이 존재하는 현재의 여건에서 제한을 수용하기보다는 이를 극복해 최대의 성과를 달성할 수 있도록 방법을 창의적으로 강구해 적용해야 한다. 주지할 것은 어떠한 상황에서도 '행정적 상황과 조치', '했다 치고, 된다 치고, 그렇다 치고'는 완전하게 배제해야 한다.

---

8) 평가 전에 전투실험을 통해 높은 성취도를 고려해 설정한 목표수준을 기준으로 몇 명(%)을 합격으로 할 것인지 기준을 정립해야 한다.

부하를 노역자로 만들지 말라.

실전적이지 않은 훈련을 훈련이란 명목으로 부하를 혹사하고, 강제 노역을 시키는 결과가 되어서는 안 된다.

"마찰과 불확실이 존재하지 않는 훈련, 했다 치고, 된다 치고, 그렇다 치고의 실전적이지 않은 훈련, 실체가 없는 훈련을 하지는 않았는가?" 그렇지 않다면 다행이지만, 그렇다고 한다면 부하를 강제 노역자로 만든 것이다. '질' 높은 훈련, 즉 전장에서 요구되는 능력을 구비하기 위해서는 무엇보다 전장환경에서 실전적으로 훈련해야 한다.

'마찰과 불확실이 존재하는 훈련'을 위해서는 전장에 대한 깊은 이해가 있어야 한다. '실체가 있는 훈련'을 위해서는 실체가 있는 상황과 실체가 있는 상황조성, 행동화가 필요하다. 상황을 조성하는 데 기술적 문제, 시간적 문제, 위험성이 있다는 이유로 소극적이어서는 안 된다. 무엇보다 실전적 상황을 조성하려는 지휘관(자)의 의지가 요구된다.

마찰과 불확실이 존재하지 않는 훈련의 예로는, 행정적인 급식, 단기간 훈련으로 전원투입개념의 전투력 운용으로 전투피로 미경험, 적이 측방을 공격한다고 치고, 전상자 후송이 완료되었다고 치고, 병력·탄약·유류를 보충했다고 치고, 화학작용제 오염지역이라고 치고, 도로를 사용할 수 없다고 치고, 작전지역 내 주민이 모두 철수했다고 치고 등이다.

훈련지도는 훈련 전과 후에, 훈련 중 간섭하지 말라.

"훈련 중 수시로 현장에 나가 지도한 경험이 있는가?" 이러한 지도방법은 훈련성과를 높이는 데 긍정적으로 작용하지 않는다.

훈련 중인 예하부대를 지휘관이 방문하는 것 자체로도 정상적인 훈련 진행에 방해가 되는데, 여기에 단편적인 현상만으로 즉흥적인 생각을 쏟아 내는 것은 간섭일 뿐 도움이 되지 않는다.

자신의 개념이나 의도를 상기시키고 지침을 줄 것이 있으면 훈련 이전에 충분하게 제시하거나 평가항목에 반영하면 된다. 훈련 중에는 관찰하고 훈련 후에 세부사항을 사후검토개념으로 지도하면 될 일이다. 평가항목에 자신의 개념이나 의도, 지침을 포함하는 것은 그때그때 지시하는 것보다 훨씬 큰 효력을 발생한다. 여기에 평가결과를 인사관리에 반영한다면 훈련에 대한 관심이 높아질 것이고 성과도 확실하게 나타날 것이다.

동기부여, 자긍심을 고취해 자발적으로 하게 하라.

이는 리더십[9]과 밀접하게 관계된다. 동기부여는 부하의 행동을

9) 리더십(Leadership)은 리더가 임무를 완수하고 조직을 발전시키기 위해 구성원에게 목적과 방향을 제시하고 동기를 부여함으로써 영향력을 미치는 활동이다.

이끄는 힘이며, 자긍심은 자신의 가치와 능력에 대한 긍정적인 평가를 의미한다. 지휘관(자)은 부하의 동기를 높이고, 자긍심을 고취함으로써 조직의 목표를 달성하는 데 기여할 수 있다.

지휘관(자)의 솔선수범, 좋은 인간관계 유지, 진심을 다한 보살핌과 동고동락, 훌륭한 계획수립, 빠른 의사결정, 용기와 대담성 등의 지휘방법은 부하에게 동기를 부여하고 자신감과 전투의지를 고취시키는 중요한 요소다.

동기부여가 높은 부하는 자신의 목표를 달성하기 위해 노력하고, 성과를 증대시키는 데 집중한다. 또한 조직에 대한 충성도가 높고 조직 발전에 기여하기 위해 적극적이다.

자긍심이 높은 부하는 자기 능력에 대한 믿음이 강하고, 도전적인 목표를 설정하고 달성하는 데 주저하지 않는다. 또한 조직에 대한 소속감이 강하고 조직의 성공을 위해 노력한다.

인간의 속성은 제시된 "목표수준을 달성하면 나에게 어떤 이득이 있지?"가 분명해야 동기가 유발된다. 목표를 제시하고 달성했을 때 만족할 만한 보상이 해야 할 이유가 되기 때문이고, 목표달성은 성취감과 자긍심을 높이고 자발성을 증대시키는 원동력이 된다.

예컨대, "특급전사가 되면 파격적인 대우가 있다"라는 확실한 보장은 어떤 교육훈련도, 강조도 필요치 않게 한다. 체력 향상, 전투기술 숙달, 사격술 향상, 정신전력 강화 등 교육하고 훈련하지만 좀처럼 목표수준에 도달하지 않는다면 이는 해야 할 이유, 즉 동기가 충분치 않기 때문이다.

한편, 자긍심이 높은 부대는 훈련수준이 높고, 치명적인 사고도 발생하지 않으며 안정적이다. 지휘관(자)이 부하의 자긍심을 높이기 위해서 할 수 있는 일은 많다.

예컨대, 부대의 자랑스러운 일을 지속해서 교육하는 것, 목표달성을 축하해 실감하게 하거나 기록으로 남겨 어떤 도전이 있었고 어떻게 극복했는지를 전투원이 식별하게 하는 것, 축하할 만한 작은 일에도 충분하게 기억되도록 하는 것, 휴가 등 기본권을 행사하는 데 눈치보지 않고 자유롭게 하는 것 등이다.

권한 범위 내에서 할 수 있는 일에 충분한 예산과 노력을 투입하는 것은 자긍심을 고취해 동기유발과 자발성을 유도하고, 기대 이상의 긍정적인 결과를 가져오게 한다.

무엇을 하든 명확한 목적을 가지고 추진하라.

부대를 운영하면서 체육대회, 부대개방, 초청, 각종 회식 등 많은 행사를 치르게 된다. 그러나 대부분은 과거부터 해 오던 관행으로 별생각 없이 그냥 하는 것이지, 성과에 주안을 두고 명확한 목적을 가진 경우는 많지 않다. 이러한 경우 행사는 무의미하고 시간과 비용 등 자원을 낭비하고 피로가 누적될 뿐, 부대지휘나 전투력 발휘에도 도움이 되지 않는다.

예컨대, 체육대회는 부대단결, 부대개방은 부대 적응력 향상, 초청은 부대 홍보와 지원자의 확보, 각종 회식은 애대심과 임무와 역할에 대한 중요성 및 자긍심 함양 등 목적과 최종상태를 명확히 하고 이를 달성해야 한다. 무엇을 하든 목적을 분명히 하고, 충분한 워게임을 통해 목적과 최종상태를 달성할 수 있도록 치밀하게 계획하고 시행해야 한다.

잘못된 관행과 제도는 개선하라.

"교육훈련, 부대지휘, 전투준비 등 분야에서 오랜 과거로부터의 관행이 상황이 바뀐 지금에까지 무작정 유지되고 있지는 않은가?" 상황이 바뀌면 제도든, 작전계획이든 지체 없이 검토해 유지할 것인지, 개선할 것인지, 폐지할 것인지, 새로 도입할 것인지를 결심하고 추진해야 한다. 변경과정의 복잡한 절차, 책임문제를 염두에 두고 차라리 그냥 두는 편을 선택해서는 안 된다. 다른 분야에 비해 작전과 관련된 분야는 개선에 주저할 개연성이 크다. 명백하게 변경소요가 있음에도, 변경했다가 "만에 하나 문제가 생기면!"이라는 두려움으로 추진을 유보하기도 한다. 작전계획 시행결과 어떤 문제가 발생했을 때 계획의 변경 여부가 책임질 이유가 될 수 있다는 두려움으로 주저해서는 안 된다.

예컨대, 군인은 늘 전투태세를 유지해야 하는 의무가 있지만, 단지 과거부터 그래왔다는 이유로 24시간 특정지역에 부하를 무작정 대기시키는 것을 당연하게 여겨서는 안 된다. 평시 위기판단을 할 수 없는 말단제대에까지 위기조치조직을 편성해 불필요하게 대기하게 한다거나, 적의 침투가 불가능하다는 정보판단, 또는 위험에 노출되어 있는 상황에서도 작전을 강행하고 있는 부분이 있다면 개선해야 한다. 또한 경계 취약점을 식별하고 보완하는 등의 조치 역시 지휘관(자)의 중요한 역할이다. 그렇지 않다면, 그렇게 하지 않는다면, 판단기준이 '상황'이 아니라 '과거에 해 오던 것', '책임이 따를 수 있는 것'이라는 전투전문가 답지 않은 '칼집 치장'에 관심이 집중되어 있기 때문이며, 최악의 상황에서는 부하를 가치 없게 죽게 할 수도 있다. 이러한 사고는 평시는 물론이고, 전장에서 계획을 변경하지 않으려는 성향으로 나타난다. 상황을 정확히 평가해 잘못되었다고 판단되면 주저 없이 바로잡아야 하고, 자신의 권한을 넘어선다면 결심권자가 이해할 수 있도록 명확한 논리를 가지고 건의해 해결해야 한다.

이러한 조치는 전투력을 효율적으로 운용하고 대비태세를 유지하기 위한 목적으로, 단순히 "부하를 편하게 해 주기 위한 것 아니냐?"는 우려를 가질 필요는 없다. 지휘관(자)의 책임 있고 소신 있는 판단과 결심은 전투력을 낭비하고, 부하를 피곤하게 만들거나 가치 없이 죽게 만들지 않는다.

가족과 보낼 수 있는 시간을 보장하라.

부하가 원한다고 모든 것을 수용할 수는 없다. 그러나 대비태세 유지에 영향이 없고 타당하다는 전제 하에 많은 부분에서 해결해 줄 수 있고, 이를 통해 전투력이 상승하는 효과가 나타날 수 있다면 해결을 위해 적극적으로 노력해야 한다.

대부분의 군인은 자신의 임무에 충실하기 위해 휴가든, 출장이든 부대를 떠나는 일에 익숙하지 않다. 책임감과 의무감으로 시간과 공간에 대한 부담이 늘 있기 마련이다. 그러다 보니 퇴근해서까지, 공휴일에 집에 있으면서도 부대에 대한 생각이 떠나지 않는다. 퇴근도, 휴일 휴식도, 모두 부대를 떠나 있는 시간 통신축선상 또는 집에서 대기한다. 지금은 달라진 분위기지만 과거에는 개인에게 주어진 기본권인 휴가를 가면서도 눈치보고 불편한 심정이었고, 대중교통이 없었던 시골 마을에서 가족이 여건이 안 되어 아픈 자녀를 응급실에 데리고 가야 했지만 말을 못하는 분위기였다. "당연한 것인가?" 모든 부대가 이러한 분위기였다고 할 수는 없으나 많은 부대가 그랬다는 것은 부정할 수 없다. "임무에 충실하기 위해서"라고 할 수도 있겠지만, 안타까운 일이다.

지금에야 워라벨(Work-Life Balance, 일과 삶의 균형 추구)이라고 해 저녁이 있는 날, 문화의 날 등을 만들어 가족과의 시간을 보장하는 노력이 확산되어 과거에 비할 바는 아니지만, 공식적인 날 외에도 필요한 시간을 줄 수 있도록 더 많은 노력이 필요하다. 휴가, 자녀 · 부모 · 형제의 기억에 남을 만한 행사, 가족과의 여행 등 지휘관이 권한 내에서 행사할 수 있는 일은 많다. 부하는 기본적으로 임무와 부대운영을 고려해 적절한 시간을 활용하려 할 것이다. 그런 그들에게 납득할 수 없는 이유로 눈치를 보게 하거나 부담을 주어 통제하는 것은 바람직하지 않다. 미군의 경우 가족과의 시간이 귀중하다는 것을 전쟁을 통해 이미 경험했기 때문에 이러한 분위기는 자연스러운 현상이다.

한편, 부하의 가정이 행복할 수 있는 일이 무엇인가를 세심하게 살피고 군인가족으로서 자랑스럽고 자긍심을 가지도록 지휘관심을 두는 것은 중요하다. "가정이 행복해야 임무에 전념할 수 있다"는 것은 누구나 경험하는 것이다. 정시에 퇴근하고 휴일을 보장하는 등 방법은 여러 가지가 있겠지만, 남편과 아빠가 출근하고 무려하게 있을 시간이거나 휴일 모처럼 가족과 함께하고 있을 시간에 깜짝 피자를 보낸다든지, 가족의 생일에 남편의 이름으로 꽃을 보낸다든지 하는 등의 관심은 부하와 그의 가족, 부대 모두를 행복하게 한다. 어떤 좋은 방법이 있을지 생각해 행동으로 옮겨보자.

군인은 지금 당장이라도 전장에 나가 싸워야 하고, 어쩌면 다시 돌아올 수 없을지도 모른다. 그런 군인이 현행 임무에 제한을 받지 않는 범위 내에서 가족과의 시간을 보장받는 것은 당연하다.

지휘환경을 진단하고 개선하라.

지휘관(자)은 제대가 클수록 말단의 지휘환경을 정확히 알지 못할 개연성이 크다. 저변에서 어떤 일이 벌어지고 있는지를 아는 것은 정확한 부대진단과 안정된 부대운영을 가능하게 하고, 궁극적으로는 최상의 전투력을 발휘하게 한다. 사소한 것으로 생각할 수 있는 많은 것들이 부대의 불안정과 전투력 발휘를 제한하는 요인으로 작용할 수 있다.

지휘환경을 개선하기 위해서는 현역과 예비역은 물론이고, 국민이 함께 풀어야 할 과제다. 누군가는 물리적인 병영환경이 좋아지는 등 여러 면에서 “과거와는 몰라보게 좋아졌을 텐데!”라고 한다. 그렇다. 그렇지만 지휘환경이 모든 면에서 좋아졌다고는 할 수 없다. 상급지휘관의 지시는 따라야 하고, 휘하의 병사들을 따르게 해야 하는 하급제대의 지휘관(자)과 참모, 초급간부의 고충은 생각보다 심할 수 있다. 그들이 중대장, 소대장이라는 이유로 고충을 말하지 못하고 감내하고 있지는 않은지 들여다봐야 한다.

다음의 항목으로 병영 저변의 지휘환경 전체를 확인할 수는 없지만, 문제의식을 가지고 세밀하게 진단해 잠재한 취약점까지를 발굴하고 필요한 처방을 해야 한다. 이를 위해서는 지휘관(자)과 휘하의 장병이 동시에 노력해야 하는데, 취약점이 식별되면 불만을 제기하는 것이 아니라 언제든지 보고해 개선하려는 분위기가 조성되어야 한다. 그렇다면 지휘환경은 개선되고, 안정되고 즐거운 부대, 최상의 전투력을 발휘할 수 있는 무적의 부대가 될 것이다. 물론, 대부분의 부대는 문제가 없을 것이고, 문제가 없다면 다행스러운 일이지만 상황은 늘 바뀐다고 볼 때 수시로 확인할 필요가 있다. 앞서 곳곳에서 제시한 것 이외에 부대운영 전반에서 관심을 가지고 진단할 것을 조언하면 ① 상하 관계에서 계급에 대한 인식이 명확한가? 지휘권이 확립되어 있는가? ② 개인의 기본권 보장이라는 명목으로 임무수행에 제한이 발생하는 사례는 없는가? ③ 초급간부의 숙소, 집무공간과 컴퓨터, 장거리 이동 시 수단 제공, 역할수행에 필수적인 작전계획 교육 등 임무수행 여건은 조성되었는가? ④ 병 인권보장이라는 이유로 상위 계급 및 상위 직책의 간부가 대신하고 있지는 않은가? ⑤ 부대발전을 위한 제언 등 좋은 방법도 있지만, 불만을 제기하는 이른바 소원수리 등을 수시로 받아 여과 없이 수용해 지휘권을 잘못 행사하고 있지는 않은가? ⑥ 법과 규정, 임무와 역할에 따라 부대가 자전적으로 운영되는가? ⑦ 전투장비, 각종 물품이 보유해야 할 제대(팀)에 제대로 갖춰져 있는가? ⑧ 각종 예산사용 규정을 준수하고 효율적으로 집행되고 있는가? ⑨ 휘하 간부의 인사관리에 무관심하지는 않은가? ⑩ 부대운영계획을 수시로 바꿔 임무수행에 제한을 주고, 군에 대한 신뢰를 저하시키지는 않는가? ⑪ 어떤 이유로 휘하의 장교, 부사관이 임관을 후회하고 있지는 않은가? 등이다.

최신교리를 그때그때 숙지하라.

교리는 교리작성 부대(서)의 교리연구관이 발전시키고 승인권자에 의해 승인된 것으로, 복잡한 작전환경의 특성을 고려해 판단을 통해 융통성 있게 적용해야 한다. 교리가 특정 군사문제에 대해 무엇으로 또는 어떻게 해결할 것인가에 대한 해답은 아니지만 반드시 알아야 한다. 또한 '수하절차', '군사용어', '군대부호' 등은 규정된 대로 준수하고 사용해야 한다.

명확성이 요구되는 전장에서 혼란을 방지하기 위해서는 공식적으로 승인된 최신교리를 지체 없이 숙지해야 한다.

예컨대, 용어가 변경된 '지휘통제주기'를 '계획결심시행주기'로, '인력운반지점'을 '사하지점'으로, '전투근무지원대'를 '전투치중대'로, '지역방위(사단)'를 '향토(사단)방위'로, '공격대기지역'을 '공격대

기지점'으로, '정비대체장비'를 '정비대충장비'로, '헬기로프하강'을 '헬기레펠'로 등 과거의 용어가 변경된 것을 모르거나 '건제', '결정적작전', '방어작전 시 공세행동' 등 정의가 개정된 용어, '과업평가', '후속' 등 추가된 용어를 숙지하지 않았다면 혼란이 발생하고 임무수행에도 제한이 발생할 것이다.

모든 교리문헌을 발간 즉시 탐독하고 내포하고 있는 의미까지를 이해해 활용함은 물론, 교육하고 감독할 수 있어야 한다. 한편, 교리 작성 부대(서)는 개념이나 정의가 바뀌지 않은 이상 용어를 수시로 바꿔 혼란을 주어서는 안 된다.

국가시책 구현에 모범을 보여라.

지휘관(자)은 전투임무 외에도 국가시책 구현에 모범을 보여 선도하고, 부하와 함께 이를 구현하는 것도 의무다. 국가시책을 다 열거할 수는 없지만, 안보문제와 직결되는 저출생문제와 관련한 지휘관(자)의 역할을 이야기하고자 한다.

이미 다 알고 있듯이 저출생은 사회 · 경제 등 모든 분야에 영향을 미치고, 특히 북한과 마주하고 있는 우리에게는 병역자원 부족으로 심각한 안보문제를 야기한다. 저출생은 '국가 비상사태'로 간주될 만큼 심각하고 시급한 문제다. 범국가적인 해결 노력과 자녀가 많아 행복한 가치 있는 일에 동참하기를 바란다. 지휘관(자)이 자녀가 많으면 부하들이 동화되어 여러 자녀를 두는 것을 자연스럽게 받아들인다. 실제로 필자가 지휘관으로 있었던 부대는 아이 낳는 사례가 늘었고, 다자녀 가정이 많았다.

필자가 자녀를 여럿 낳아 보니 그렇게 행복할 수가 없고, 군 복무의 활력이 되었던 것이 분명하다. 자녀 입장에서도 성장과정에서 혼자보다는 형제가 있음으로 해서 유리한 점이 매우 많다. 여기에다 대한민국의 존속과 직결되는 인구절벽문제를 해소하는 데에도 기여한다고 볼 때 무척 잘한 결정이다.

“도대체 자녀가 몇이나 되는데요?” 아들 하나 딸 넷 모두 다섯이다. 필자가 자녀를 낳고 자녀가 성장할 당시는 국가의 지원이 본격화되지 않은 때라 어려움이 많았지만, 그래도 지금 생각하면 행복이 어려움을 상쇄하고도 남는다. 필자의 막내가 육군 중위가 되어 서로의 의견과 경험을 공유하면서 이 책을 함께 쓸 정도가 되었으니 더 이상의 보람은 없다.

지휘관(자)은 안보문제에 동참하고 모두가 행복한 이 일에 모범을 보여야 한다. 자녀가 여럿인 지휘관(자)이 행복해 보이는 모습은 충분한 동기가 된다. 국가 차원에서 출산을 위한 다양한 정책이 마련되어 아이 키우기에도 좋은 환경이 조성되어 주저할 이유가 없다.

4-2

초급간부가 갖춰야 할 능력

우선 임관을 축하하고 장교(부사관)로서의 출발을 환영한다. 여러분의 결정은 지금까지 살아오면서 어떤 선택보다도 훌륭하다. 이제부터는 개인이 아니라 수십 명, 미래에는 수만 명을 지휘하는 막중한 역할을 수행하게 될 것이다. 부모님, 친구, 선후배, 애인 등 여러분을 알고 있는 모든 분들이 여러분에게 거는 기대는 대단하다. 훌륭하고 멋진 부대지휘를 기대한다.

이제, 여러분 앞에는 많은 일들이 기다리고 있을 것이다. 이미 이 과정을 경험했거나, 경험하고 있을 수도 있다. 부대에 전입하기 전 병과학교에서 교육이 이뤄졌다고 해도, 막상 자대에 도착하면 무엇을 알아야 하고, 무엇부터 시작해야 하는지 선명하지 않다. 업무파악이 되기도 전에 이런저런 상황에 부딪히면 해결방법이 도무지 떠오르지 않는다. 이러한 현상은 내게만 있는 것이 아니고 대부분의 동료가 겪는 것이니 걱정할 필요는 없다. 병과학교 교육이 아무리 현장을 반영하고 치밀하다고 해도, 실제 현장에서 적용하는 것과는 간격이 있기 마련이다. 양성교육을 통해 습득한 이론적 지식이 바로 행동을 보장하지는 않기 때문이다. 경험적 지식이 부족하니 당연한 결과다. 여러 경로와 방법으로 빠르게 능력을 갖춰 자신 있게 임무를 수행하면 된다.

경험적 지식의 습득은 전임자와 선배로부터 그들의 경험을 듣는 것으로 유효하다. 물론, 경험자의 경험담이 모두 유의미하다고는 할 수는 없다. 유의미한 경험담을 알려주는 누군가를 만나는 것은 행운이고, 이를 구별하는 것은 스스로의 몫이다.

전입 전에 이미 한 번쯤 보았을 수도 있겠지만 당장 임무수행에 필요한 예규, 작전계획, 지침, 연간부대운영계획, 부대훈련지시(지침), 실습계획 등을 면밀히 들여다보고 이해·숙지해야 한다. 또한 작전지역 현장에서 임무수행 전반을 세밀히 확인하고, 제한사항까지를 식별할 수 있어야 한다.

차츰 보고서를 작성하거나 비밀을 생산하는 등 행정업무의 범위가 확장될 것인데, 이 경우 관련된 '보고서 작성요령', '규정' 등을 반드시 옆에 두고 짚어가면서 절차대로 수행해야 한다. 특히, 처음으로 비밀을 생산하고 관리할 때는 그렇게 해야 한다. 처음부터 이렇게 하지 않는다면 고급간부가 되어서도 달라지지 않을 것이고, 법과 규정을 모른 채 주먹구구식 업무로 화를 부르는 것은 시간문제다.

군 복무의 첫 출발이 임무가 많고 어려운 부대라면 행운이다. 어려운 문제를 감당했으니 남은 문제는 이보다 어렵지 않을 것이다.

예상컨대, 장교(부사관)로서 희망과 포부를 가지고 시작했지만, 임무수행 간 예상할 수 없었던 많은 어려움에 직면할 수도 있다. 그러나 이 어려움은 누구에게나 있는 자연스러운 현상이다. 현상 자체에 집착하거나 고민하지 않고 하나씩 해결하려는 노력이 중요하다. 노력이 결실을 맺을 때마다 성장하는 것이다. 리더는 어떤 어려움도 극복할 수 있어야 한다는 것을 기억하기 바란다.

장교(부사관)로서 소대장(부소대장)인 리더로서, 그리고 누군가의 부하(팔로워)로서 제대로 역할을 수행하기 위해서는 차별화된 품성과 직책수행에 필요한 능력을 갖춰야 한다.

충성심과 희생정신

충성심과 희생정신은 군인에게 필수적인 덕목으로 모든 군인이 갖춰야 할 공통조건이다. 그러나 간부에게는 특별함을 요구한다. 국가에 대한 충성심, 국민에 대한 충성심, 상급자에 대한 충성심, 그리고 부하를 아끼는 마음과 희생정신은 어떤 조건보다 우선한다. 충성심과 희생정신이 강한 군인은 명령을 충실히 따르고 위험한 상황에서도 주저함이 없이 임무를 수행한다.

노파심에서, 충성심을 자칫 이른바 '예스맨'과 혼동해서는 안 된다. '충성심이 강한 군인'은 부대와 상급지휘관에 대한 진정한 헌신과 신뢰를 동기로 부대의 성과와 발전을 위해 경우에 따라서는 비판적인 의견을 제시하는 등 건설적인 역할을 하는 반면, '예스맨'은 승진이나 상급지휘관에게 호감을 얻기 위한 목적으로 비판적 사고 없이 무조건 동의하는 등 부대의 발전보다는 상급지휘관의 기분을 맞추는 데 초점을 두어 부정적인 영향을 미친다.

전술지식과 상식

전술지식과 상식은 마찰과 불확실의 전장에서 응용력과 창의력을 발휘하는 토대가 된다. 또한 평시에는 부대지휘와 부대관리, 다양한 성향을 가진 부하들의 신상관리, 교육훈련 등 전반에 영향을 미친다. 전술지식과 상식은 다양한 분야, 특히 전투(전쟁)에 관한 독서 및 연구, 군사(전투)전문가들의 군사경험을 접하고 전술토의에 참여해 다양한 관점과 의견 청취, 연합작전을 위한 어학 공부, 각종 시사성 있는 신문이나 서적을 통해 상식을 높이는 등으로 가능하다.

예컨대, 파손된 도로를 완전하게 보수하기 위해서는 공사방법을 알아야 하고, 축구를 하더라도 규칙을 알아야 한다. 그래야 소대장(부소대장)으로서 지도가 가능하고 존경과 신뢰를 받을 수 있다. 부하들보다 모르고서는 존경과 신뢰를 받을 수 없고, 역할을 해낼 수도 없다. "우리 소대장, 우리 분대장은 해결할 수 없을 것 같은 위기상황도 전화위복의 기회로 만든다", "우리 소대장, 우리 분대장만 따르면 실패가 없고, 살 수 있다", "우리 소대장, 우리 분대장은 무엇이든 모르는 것이 없다"라고 할 정도의 전술지식과 상식을 갖춰야 한다.

위기상황에서 흔들림이 없고 위기를 기회로 만드는 능력, 원리·원칙을 알고 창의성을 발휘해 상황에 맞게 응용해 적용하는 능력을 갖추고, 어떤 문제와 질문에도 공감할 수 있는 풍부한 상식을 가져야 한다. 또한 부하를 압도하는 컴퓨터 활용능력과 연합작전에 필요한 어학능력을 구비하는 등 끊임없이 자기개발을 해야 한다. 즉, '만물박사'가 되어야 한다.

판단력과 실천력

결심이 필요한 상황에서 우유부단하지 않고, 빠르고 정확하게 판단하고 결심할 수 있어야 한다. 해결하기 어려운 문제에 봉착하면 부하들은 소대장(부소대장)만을 바라보면서 결심해 주기를 바란다. 우유부단은 신뢰를 저하시킨다.

빠르고 정확한 판단과 결심, 실천은 부하들을 압도하는 풍부한 전술지식과 상식을 기반으로 한다.

자신의 판단과 결심에 책임지는 자세 또한 중요하다. 자신의 판단과 결심결과 문제가 발생했다면 회피함이 없이 책임지는 자세가 필요하며, 이는 신뢰를 구축하는 중요한 역할을 한다. 또한 자신의 판단과 결심으로 성과가 있었다고 해도 공을 부하에게 돌리는 자세가 필요하다.

목적이 분명한 부대운영

부대운영 간 지시에 의해 수행하거나 스스로 계획해 수행해야 할 많은 일들이 있다. 주된 부대운영은 교육훈련 및 전투준비가 될 것이고, 그 외에도 부대개방, 체육대회, 각종 회식 등 많은 행사를 치르게 된다. 어떤 경우든 주목할 것은, 하는 것보다 목적을 분명히 해 성과를 내야 한다는 것이다.

목적이 불분명한 부대운영은 부하의 동기부여를 떨어뜨리고 부대를 피곤하게 할 뿐만 아니라 갈등을 유발한다.

무엇을 하든 목표를 명확히 설정하고, 부하가 목표와 전략을 명확히 이해할 수 있도록 해야 한다. 투명하고 일관된 소통, 부하 각자의 역할과 책임을 분명히 한 업무 분담, 목표달성을 위한 인센티브 제공 등 동기를 부여하고 예행연습, 추진과정에서의 성과평가 등 구체적으로 계획해야 한다. 이를 실천한다면 준비과정에서 중복된 노력과 자원 낭비를 줄일 수 있고, 만족도 증가, 애대심과 부대단결, 적응력 향상, 부대 홍보와 지원자 확보, 임무와 역할에 대한 중요성 및 자긍심 고취 등 목적을 달성할 수 있다. 또한 소대장(부소대장)에 대한 신뢰가 구축되고 전투력 향상에도 기여한다.

적절한 임무부여, 창의적 임무수행에 대한 격려

'할 수 있도록 훈련시키는 것'과 병행해 "할 수 있는가?"에 기초해 임무를 부여하는 것은 자신감을 가지게 하고, 최대한의 능력을 발휘하게 한다. 임무를 부여하기 전에 부하 각자의 성향과 능력에 맞는 임무인지, 임무수행 간 제한은 없는지, 무엇을 지원해야 하는지를 명확히 식별할 수 있어야 한다. 할 수 없는 부하에게 임무를 부여하면 일을 그르칠 뿐만 아니라, 불만을 발생시키고 부하에게 고충을 더해주는 결과가 된다. 부여받은 임무를 수행하지 못하고 쩔쩔매고 있는 부하에게 또 다른 임무를 부여한다면, 임무수행을 더욱 어렵게 만들고 극단의 상황에 몰리게 한다.

한편, 부하 스스로 일을 만들어 창의적인 방법으로 수행한다면, 비록 그 생각이 현실성이 없고 결과가 미미하거나 실패하더라도 칭찬과 격려를 해야 한다. 질책이 반복되면 시키는 것 외에는 하지 않을 것이고 일을 추진하는 데 소극적이 될 것이지만, 만족스럽지 않더라도 격려하면 어떤 상황에서도 적극적으로 따르고 충성심을 발휘할 것이다.

또한 각종 보고나 의견을 제시하는 부하들에게 즉흥적으로 추가적인 임무를 부여하는 것은 지양해야 한다. 보고나 의견을 제시하면, 그로 인해 하지 않아도 될 일을 부여받는다는 분위기가 형성되면 대면하기를 꺼리게 된다. 그 결과 부하를 시키는 것만 하는 기계로 만들고 의사소통의 단절, 본질적인 일의 추진 속도 저하, 저변에서 일어나고 있는 실상을 알 수 없게 된다.

모범적인 자세

이는 단정하고 멋진 외모, 바르고 정직한 정신, 조직 중심의 사고, 부하들에 앞서 위험하고 지저분한 곳에 위치, 책임지는 데 주저함이 없고 공정한 신상필벌, 타인의 의견을 경청하고 존중, 때에 따라서는 강력한 카리스마를 발휘하는 데에서 비롯된다. 또한 매사에 법과 규정을 준수하고, 불필요하게 성적인 발언을 한다거나, 정치 견해를 언급하거나 막말을 해서는 안 되며 정제된 언어를 사용해야 한다. "모든 부하의 관심과 시선이 나를 향하고 있다"는 생각으로 매사에 장교(간부)다운 절제된 말과 행동을 해야 한다.

장교(간부)는 가까운 거리의 화장실을 갈 때도 복장을 완전하게 착용하고 전투화 끈을 묶는 등 모범을 보이고 자기관리를 철저히 해야 한다. 부하들과 가까운 거리를 유지하되 웃음이 헤퍼서는 안 되며, 때에 따라서는 위엄을 행사할 필요가 있다. 웃음이 헤프면 부하들의 존경심은 저하되고, 쉽게 생각하도록 만든다.

한편, 모범적이라고 해 부하들과 똑같이 해서는 안 된다. 부하들과 같이한다는 것과 부하들과 똑같이 한다는 것을 혼동해서는 안 된다. 부하들과 같이한다는 것이 복장도 같고, 잠자리도 같고, 동일하게 활동하고, 생각도 같아야 한다는 것이 아니다. 리더는 그의 휘하에 있는 부하들과는 명확하게 유별해야 한다.

부하의 고충 청취 및 비전 제시

부하가 고충이 있을 때 먼저 다가가 그들의 이야기를 들어주는 것은 그 자체만으로도 고충을 감소시키고, 좋은 관계를 형성하게 만든다. 또한 자신이 존중받고 있다는 느낌을 받고, 부대의 목표와 소대장(부소대장)이 원하는 방향으로 행동하려고 노력한다. 하물며, 고충을 이야기하고자 찾아온 부하에게 바쁘다는 등의 이유로 소극적으로 임한다면 문제는 악화되고, 존경심은 감소하고 관계는 틀어진다.

부하 스스로 찾아와 고충을 이야기하는 경우도 있으나 면담, 설문조사, 상담관 운용, 외부전문가 활용 등 다양한 방법으로 고충을 청취하는 노력을 해야 한다. 누구나 언제든지 찾아와 이야기할 수 있는 분위기가 조성되었다면 훌륭하다. 고충을 이야기하는 자리에서는 눈을 마주치고, 진지하게 공감하고 고개를 끄덕이며, 적절한 질문을 통해 이해를 확인해야 한다.

한편, 하루 종일 부하들에게 전투준비, 교육훈련에만 집중하도록 요구한다면 그들은 지치고, 매사에 무엇이 중요한지를 망각하고 그럭저럭 임하게 된다. 할 때는 하더라도 쉴 시간을 주어야 한다. 또한 전역 후를 걱정하는 부하들에게 미래 설계와 자기개발 여건을 보장하는 등 비전을 제시해야 한다. 필자는 복무 중 부하들에게 '크고 멋진 그릇'을 만들게 해 미래 우리 사회에서 각 분야의 전문가로서 제대로 된 역할을 하도록 변화시키는 노력을 했다. 구체적으로 소개하면, 크다는 것은 지휘관(자)의 지휘하는 모습을 통해 리더십을 함양하는 것이고, 멋지다는 것은 타인을 배려하는 좋은 품성을 가지게 하는 것이다. 리더십 함양은 지휘자를 닮아가는 것으로 소대장(부소대장) 스스로 모델이 된다는 것을 인식하고 매사에 언행을 리더답게 해야 한다. 좋은 품성을 함양하기 위해서는 일상 속에서 몸과 마음에 완전하게 자리하도록 환경을 조성하고 무엇을 어떻게 해야 하는지에 대한 일관된 메시지를 주어 명확히 하고 지속성을 유지하는 것이 중요하다. 방법은 다양하겠지만, 더운 여름날 행군 중 휴식 간 수통의 물을 자신이 마시지 않고 하급자나 동료에게 주도록 한다든지, 식사대기 줄에서 후임병을 앞으로 보내 먼저 식사하도록 하는 등의 방법은 효과적이다. 더운 여름 날 행군으로 지치고 목이 타는 고통을 참고 자신이 아껴 둔 물을 누구에겐가 주어야 할 때 처음에는 불만을 한다. 그러나 행위가 지속될수록 당연시되고 자연스럽게 된다. 전역 즈음에는 습성화되어 시키지 않아도 스스로 하게 되는 상황에 이른다.

성과 있는 훈련

앞에서도 언급했듯이 실전적이지 않은 훈련으로 부하들을 강제 노역자로 만들어서는 안 된다. 실전적이지 않은 훈련은 잘못된 동작을 익히는 것이나, 오답을 암기하는 것과 같아 하면 할수록 손해나는 결과가 된다. 실전적이지 않은 훈련은 전장에서 잘못된 전투행동을 하게 만든다는 것을 명심해야 한다. 실전적이지 않은 훈련을 하느니 차라리 쉬는 편이 낫다. 훈련을 열심히 하는 것도 중요하지만 제대로 하는 것은 더 중요하다.

소대장(부소대장)의 임무 중 우선시되어야 하는 것 중 하나가 훈련을 기획한 실습계획, 즉 '실습계획표'를 작성하고 훈련시키는 것인데, 이를 작성할 때는 실전적 훈련을 위한 환경과 상황조성방법을 구체적으로 연구해 반영해야 한다. '실습계획표'를 작성하기 전에 작성요령, 교범과 소부대전투사례, KCTC전투훈련 교훈집 등 관련 문헌을 탐독하고, 훈련 및 KCTC전투경험 등을 다른 사람으로부터 듣는다면 도움이 될 것이다.

지휘관의 지시에 적극적인 자세

어렵고 급하게 수행할 임무가 있을 때, "언제든지 부담 없이 전화 또는 대면해 지시할 부하가 있는가?" 있다면 훌륭한 부하를 둔 것이고 존경받고 있다는 것이다. 역으로 "나는 그런 부하의 자세를 가지고 있는가? 상급자가 자신을 그렇게 생각하고 있는가?" 스스로 "지휘관이 어렵고 급한 임무가 있을 때, 휴가 중이거나 늦은 밤이거나 망설임 없이 임무를 부여할 수 있는 부하"라고 한다면 지휘관은 물론이고, 부하들로부터도 무한한 신뢰를 받게 된다.

지휘관의 정당한 지시에 불만하고, 이러한 모습을 부하들이 본다면 자신의 지시에도 부하 역시 같은 반응을 하게 될 것이고, 부하들은 물론 지휘관으로부터도 신뢰받지 못한다는 것을 명심해야 한다. 불편하고 어려운 임무라도 적극적으로 수용하고, 부하들로 하여금 상급지휘관에게 불만이 향하도록 해서는 안 된다.

예컨대, 휴일이지만 빙판으로 인해 부하들이 낙상할 수 있는 상황에서 얼음을 제거하는 임무를 받았다고 하자. 아마도 여러 모습으로 반응하게 될 것이다. 어떤 소대장은 부하들이 불만할 것을 알면서 "중대장의 지시로 어쩔 수 없다"라고 하거나, 어떤 소대장은 이러한 지시가 부하들에게 불만을 발생시킬 수 있음을 이해하고, 중대장에게 불만이 향하지 않도록 하면서 임무를 부여할 것이다. 즉, "방치하는 경우 낙상의 우려가 있고, 일과 후까지 더 많은 노력이 투입되어야 한다"라고 부하들 스스로 느끼게 해 자발적으로 하도록 유도할 것이다. 불편하고 어려운 임무라도 불만 없이 수행되면 최선이지만, 불만이 발생하더라도 그 불만이 상급지휘관이 아닌 자신에게 향하도록 하는 것은 마땅하다.

모든 지휘관은 불편하고 어려운 지시, 일과 이후라도 수행할 수밖에 없는 지시를 할 때는 합리적인 고민의 과정을 거친다. 이러한 지시를 적극적으로 수용하지 않는다면 소대장(부소대장)으로서 자격을 갖췄다 할 수도 없다. 이른바 '예스맨'이 되는 것은 바람직하지 않지만, 깊은 뜻을 이해하지 못하고 '일과 후'라는 이유 등을 들어 수시로 반박하거나 문제를 제기하는 것 또한 좋은 태도가 아니다. 불합리하거나 잘못된 지시라고 생각되어도 면전에서 반박해서는 안 되며, 내 판단이 옳은 것인지 잘못 이해한 것은 아닌지, 여러 관점에서 생각해봐야 한다. 그럼에도 불구하고 생각이 달라지지 않는다면 무례하거나 상처가 되지 않도록 정중하고 명확하게 자신의 의견을 제시해야 한다. 이 경우 단순히 사용 단어만이 아니라 표정이나 태도까지 진실해야 거부하거나 불만을 한다는 인상을 주지 않는다.

보고능력과 설명능력

보고나 설명할 기회는 늘 있게 마련이다. 할 때마다 감동을 준다면 그 자체로도 신뢰와 존경을 받게 된다. 기회가 되는 셈이다. 탁월한 보고나 설명능력은 타고난 것이 아니라, 반복 연습에 의해 만들어지는 것이다. 매일 반복되는 일일결산에서 비록 1분의 시간이 주어지더라도 참석 전에 충분한 연습을 해야 한다.

연습과정에서 내용을 다듬고 예상 질문과 답변을 구상해야 한다. 또한 연습 간 보고를 받는 대역을 통해 보완소요와 질문내용을 도출하는 것은 좋은 방법이다. 연습 초기에는 보고서를 보게 되지만 반복 연습하다 보면 모든 내용이 자연스럽게 암기되어 보고서 없이도 자신 있게 보고할 수 있게 된다. 짧은 보고시간, 간단한 보고나 설명이라고 해서 소홀해서는 안 된다.

한편, 매사에 명확하게 의사표현을 할 수 있어야 한다. 말수는 많은데 말의 핵심이 없다면 듣는 사람은 지루하게 된다. 그렇게 되면 상급지휘관은 자신의 지시를 정확히 이해한 것인지 제대로 수행할 수 있는지 의문을 가지게 되고, 부하들은 뭘 이야기하는 것인지 어떻게 하라는 것인지 혼란스럽게 된다. 짧고 간결하면서 명확한 의사표현은 스스로의 훈련에 의해 강화된다.

창의성 발휘 및 상황 극복능력

필자가 위관장교로서 대대 참모 직책을 수행하면서 경험한 사례를 소개한다. 무더운 여름날 사단장님의 진지공사 현장지도 간 있었던 일이다.

하나는 사단장님 도착 직전 대대장님의 보고를 위한 상황판 내 식별된 오탈자를 수정해야 하는 상황, 또 하나는 무더위 속에 산 중간지점까지 땀 흘리며 도착하신 사단장님께 컵 없이 물을 드려야 하는 상황이었다.

앞선 상황은 일반적으로는 오탈자가 있는 한 면을 교체하는 것이지만, 산 속에서 긴박한 순간에 온전하게 해결할 수 있는 문제가 아니었다. 순간적으로 휴대하고 있는 커터 칼과 투명 테이프, 상황판 작업 시 파지를 이용할 생각이 떠올랐다. 상황판의 오탈자를 오려내고 파지에서 필요한 글자를 골라 감쪽같이 수정할 수 있었다.

뒤의 상황은 당시 물은 있었으나 물 컵이 없는 상황이었기 때문에 당황할 수밖에 없었는데, 순간 종이를 접어 컵을 만들면 되겠다는 생각이 들었고, 바로 행동으로 옮겨 사단장님께 가져다 드렸다. 사단장님께서 당시 컵이 없다는 상황을 인지하셨는지, 종이를 접어 만든 컵을 보시고는 놀란 표정으로 흡족해 하셨다. 난감할 수도 있는 상황을 극복할 수 있었던 것은 창의성과 원리를 이해하고 응용했기 때문이었다.

명령에 의한 부대지휘

평시부터 모든 부대활동에서 명령에 의한 부대지휘, 전투명령어[10] 사용을 습성화해야 한다. 임무를 부여할 때는 작전명령 5개 항[11]을 기초로 어떤 상황, 왜·어떤 목적으로, 누가, 언제 시작·언제까지 완료, 완료 후의 상태 등을 명확히 제시해야 한다.

청소, 훈련장 이동, 체력단련, 행사준비 등 모든 임무를 작전명령을 하달하는 형식으로 부여하고 지휘하기를 바란다. 이는 간명하면서도 누락이 없고 명확한 지시가 가능하며, 전시를 대비한 평시훈련이라는 측면에서도 긴요하다.

미래 설계와 준비

현재에 충실한 것은 기본이고, 미래를 설계하고 준비하는 것에도 관심을 둬야 한다. 미래를 준비한다는 것은 최종목표와 이를 달성하기 위한 중간목표를 명확히 설정하고, 능력을 갖춰 달성해 나가는 과정이다. 목표가 없는 미래는 없다. 현재의 보직에서 무엇을

10) 전투명령어는 소부대가 긴박한 전투현장에서 적의 위협에 즉각적으로 대응할 수 있도록 상황을 인식시키고, 적절한 조치를 지시하기 위해 짧게 하달하는 구두명령이다.

11) 작전명령 5개 항은 상황, 임무, 실시(지휘관 의도, 작전개념, 예하부대 과업, 협조지시), 지속지원, 지휘통신이다.

이룰 것이며, 보직이 종료된 후에는, 또 그 보직이 종료된 후에는 무엇을 이룰 것인지를 분명히 계획하고 추진해야 한다. 미래 계획을 수립함에 있어 하나의 방책보다는 여러 개의 방책을 선정해 직면하게 될 어떤 변수를 고려해야 한다.

예컨대, 장기복무가 되었을 때와 그렇지 않았을 때, 소대장 보직을 마치면 1안은 대대 작전항공장교 또는 대대 정보장교(변수), 2안은 대대 정보장교 또는 대대 작전항공장교(변수) 등으로 계획해 1안을 달성했을 때와 2안을 달성했을 때의 차후 계획이 있어야 한다. 대대 참모를 마치면 고등군사반(상수)에 입교해 상층(변수)의 성적을 목표로 하고, 이를 달성했을 때와 그렇지 못했을 때의 계획이 있어야 한다. 이후 계획도 같은 개념으로 설계해 달성해 나가야 한다.

자기개발도 마찬가지다. 언제까지 어떤 연구, 언제까지 특급체력, 언제까지 어떤 자격 취득 등 목표가 분명해야 한다. 준비된 자는 언제든지 쓰임이 있다. 그렇다면 미래는 보장된다.

05

KCTC전투와 교훈

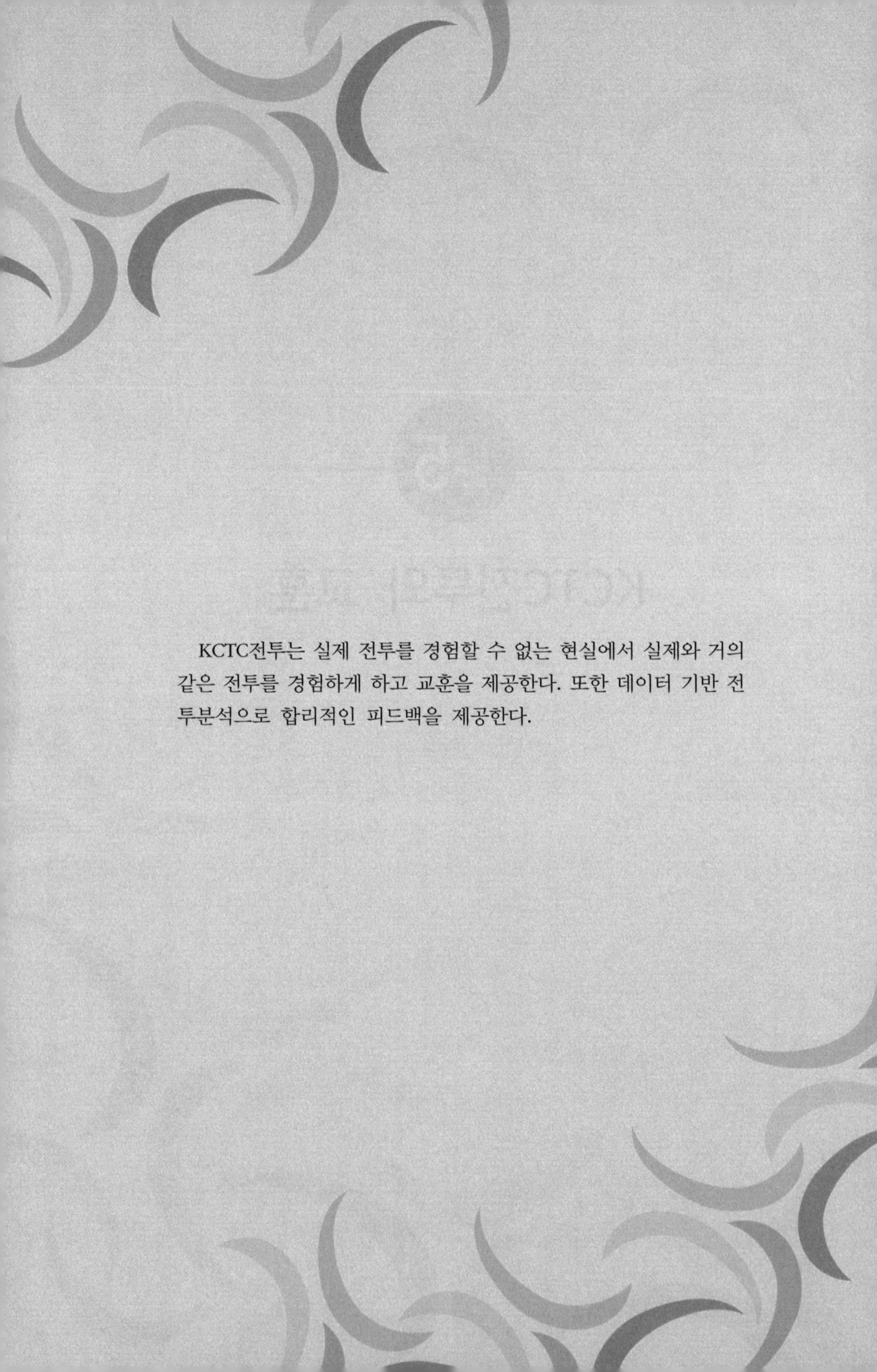

KCTC전투는 실제 전투를 경험할 수 없는 현실에서 실제와 거의 같은 전투를 경험하게 하고 교훈을 제공한다. 또한 데이터 기반 전투분석으로 합리적인 피드백을 제공한다.

5-1

KCTC는 어떤 곳인가

KCTC는 세계 최고수준의 과학화전투훈련체계를 갖추고, 실제와 거의 같은 전장에서 실전을 경험하게 한다. 전투결과 정형데이터 및 비정형데이터를 기반으로 개인과 부대의 전투력 발휘수준을 명확히 알게 한다. 또한 매회 전투결과 생성되는 수억 개의 데이터는 단순히 단위 전투분석 외에 군사적 활용 기반을 제공한다.

야전에서는 KCTC전투를 경험한 부대(군인)와 경험하지 못한 부대(군인)로 구분된다고 할 정도로 KCTC전투경험을 전투력수준의 중요한 기준으로 삼고 있다. 악조건의 실전과 같은 KCTC전투경험은 전투에 대한 자신감을 갖게 할 뿐만 아니라, 부대 단결력 향상에도 큰 영향을 미친다. KCTC전투는 '도전과 기회'인 것이다.

KCTC전투는 확실한 성과를 체감하게 하지만, 두 번 하라면 주저할 만큼 힘든 것도 사실이다. 그러나 KCTC전투경험을 여러 번 할 수 있다면 행운이다.

세계 최고수준의 과학화전투훈련체계를 운용한다.

미국의 NTC(National Training Center, 국립훈련센터)가 1980년에 창설되어 성과가 입증되면서 이스라엘이 1995년, 스웨덴이 1999년, 일본이 2000년 과학화전투훈련체계 구축을 완료했다. 우리나라의 KCTC는 이들 국가보다 늦게 2002년 창설해 중대급 · 대대급 과학화전투훈련체계에 이어 2018년 여단급 과학화전투훈련체계를 전력화함으로써 미국과 이스라엘에 이어 세계 3대 여단급 과학화전투훈련체계를 구축한 국가가 되었다. 비록 우리나라 KCTC는 미국과 이스라엘에 이어 늦게 과학화전투훈련을 시작했지만, 가장 최근에 개발한 체계로 미국의 NTC 과학화전투훈련체계와 비교해도 우수하다.

KCTC 여단급 과학화훈련체계의 우수성은 전투훈련부대는 물론이고, 한미연합 KCTC전투[1]에 참가한 미군에 의해서도 확인되었다. KCTC전투를 경험한 미군 중대장 중에는 "NTC훈련을 경험했지만, KCTC에서와 같은 극한 상황에서의 전투훈련은 처음이다. KCTC전투는 전장을 이해하고 전투준비에 요구되는 많은 것을 얻게 했다"고 소감을 밝히기도 했다. 또한 2020년 한미연합 KCTC전투현장을 방문한 NTC 부대장을 역임한 에이브럼스(Robert B. Abrams) 한미연

1) 한미연합 KCTC전투는 한 · 미 간 전술적 공감대를 형성하고 상호 중요한 교훈을 얻는 계기가 되었다. 특히, 미군에게는 NTC, JRTC(합동준비태세훈련센터) 등과 구별되는 KCTC 과학화전투훈련을 경험하고 이해할 수 있는 기회가 되었다.

합군사령관은 현장에서 과학화전투훈련의 중요성을 강조했다. 에이브럼스 사령관은 "적다운 적, 험한 지형, 변화가 심한 기상, 과학적 교전모의 등 실전과 거의 같은 전장환경에서 얻는 교훈이 전쟁에서 이기는 데 큰 역할을 한다. 미군은 이러한 이유로 전쟁에 참가하는 모든 부대가 NTC, JRTC[2] 등 과학화전투훈련을 통해 실전경험을 하도록 정례화하고 있다"라고 강조했다. 그 외에도 많은 외국 군인들이 KCTC를 방문해 우리 과학화전투훈련체계와 전투훈련 실태를 보고 하나같이 감탄과 자국의 도입 필요성을 실감했다.

KCTC의 과학화전투훈련체계는 실전적 훈련을 구현하기 위한 과학화훈련의 한 방법으로 과학화훈련체계인 실기동모의훈련(Live Simulation), 가상모의훈련(Virtual Simulation), 워게임모의훈련(Constructive Simulation), 게임훈련(Gaming)체계 중 실기동모의훈련방법이다. KCTC의 실기동모의훈련은 실기동과 연계해 각종 데이터 수집·분석·평가가 가능한 훈련으로 쌍방 자유기동 하에서 마일즈를 활용한 교전모의 등 전장과 가장 유사한 환경에서 실전과 같은 훈련방법이다.

KCTC 과학화전투훈련체계는 국내 기술로 개발된 체계로 여단전투단의 병력, 화기 및 장비, 장애물 대부분과 공군의 항공사격 교전모의(Air Combat Maneuvering Instrumentation: ACMI, 공중전투기동훈련체계)가 가능하며, 일부 제한되는 분야는 반자동모의[3]로 보

2) JRTC(Joint Readiness Training Center, 합동준비태세훈련센터)는 남부 루지애나 주에 위치하고, 전투훈련장규모는 30km×25km다.

3) 반자동모의는 지뢰지대 설치 및 해제, 교량폭파 등 실제 수행할 수 없는 분야를 관찰통제관 등이 현장에서 수행능력을 보고 중앙전산장비에 활성화하는 등의 모의방법이다. 즉, 실제 행위가 제한되거나 컴퓨터에 의한 자

완한다. 또한 연합전투훈련 시에는 유사한 화기로 대체하거나 보조 장치를 활용하는 등을 통해 교전을 모의한다.

최근 전투훈련장 제한을 극복하고 대부대훈련을 위해 과학화훈련체계를 합성한 LVCG, STE[4] 등 연구가 진행되고 있지만, KCTC 과학화전투훈련체계는 실제와 같은 전장에서 전투를 경험하게 하는 유일한 훈련수단이다.

실전과 거의 같은 전장에서 전투를 경험하게 한다.

우리나라는 실제 전쟁을 경험할 수 없는 현실로 볼 때 과학화전투훈련의 역할이 미국과 이스라엘보다 더 중요하다고 할 수 있다. 6·25전쟁, 월남전 참전 등 경험과 교훈이 있기는 하지만 과학기술 발전에 따른 첨단 무기체계의 등장, 싸우는 방법의 발전 등 전투환경의 변화로 과거의 경험과 교훈을 그대로 적용하기에는 현실적으로 충분하다고 할 수 없다.

KCTC전투는 부대훈련, 탁상전쟁에서는 경험할 수 없는 실제 전장과 거의 같은 환경에서 전장의 마찰과 불확실성을 경험하게 하

동모의가 제한되는 부분에서 관찰통제관이 관여해 모의하는 것이다.

4) 합성훈련환경(Synthetic Training Enviroment: STE)은 증강·가상·혼합현실 등 최신 몰입 및 모바일 기술을 적용해 가상·모의·게임·실제 훈련환경을 하나의 영역으로 통합해 야전부대, 학교부대 또는 개인이 다양한 훈련[개인, 집체, 다(多) 제대 훈련]과 사후검토가 가능하도록 고안한 훈련방법이다.

고, 과학화된 장비를 이용한 교전을 통해 실제 전투에서조차 확인할 수 없는 데이터에 의한 전투결과를 즉각적으로 제공한다. 이는 단기간 전투력 발휘능력 향상에 기여한다.

야전의 부대훈련은 부대의 장비와 병력이 전개할 만한 공간 확보가 제한되고, 실전적 훈련을 위한 교전모의 및 전투결과에 대한 객관적 평가의 어려움, 낙탄의 위험성, 소음 및 분진으로 인한 주민 불편 등 군 내·외부적 환경으로 인해 현실적으로 실전같이 하기 어렵다. 이러한 여건은 '행정적 상황과 조치', '했다 치고, 된다 치고, 그렇다 치고'식의 훈련을 조장(助長)해 실전과의 간격을 확장한다. 결국 실전과 훈련의 괴리는 이른바 '그레셤의 법칙[5]'을 초래한다. 과학화전투훈련은 이러한 문제를 해결하는 유일한 수단이다.

과학화전투훈련체계는 위험성 및 주민불편 해소 등 사회적 요구 외에 병역자원 감소, 병 복무기간 단축, 부대 수 감소 등으로 인한 전투원의 단기간 전투 숙련도 향상에도 기여한다. 이러한 요구는 제4차 산업혁명기술과 연계해 가까운 미래에 과학화전투훈련체계를 수단으로 하는 훈련이 일반화될 것임을 분명히 하고 있다.

KCTC 과학화전투훈련체계는 첨단 과학기술을 적용해 실제 전투와 거의 같은 환경에서 피 흘리지 않고 전투를 체험하는 '전투훈

---

5) 그레셤의 법칙(Gresham's law)은 16세기 영국의 엘리자베스(Elizabeth Ⅰ, 1533~1603) 여왕의 경제고문이었던 그레셤(Thomas Gresham, 1519~1579)이 제창한 화폐유통에 관한 법칙으로, "악화(惡貨)가 양화(良貨)를 구축한다"라는 말로 알려져 있다. 이 법칙은 소재의 가치가 서로 다른 화폐가 동일한 명목가치를 가진 화폐로 통용되면, 소재가치가 높은 화폐(good money)는 유통시장에서 사라지고 소재가치가 낮은 화폐(bad money)만 유통되는 현상을 말한다.

련장의 전투현장화'를 구현함으로써 모든 훈련의 최종단계 훈련이라 할 수 있다. 또한 KCTC전투 간 생성되는 다량의 데이터분석을 통해 환류하고, 악조건 하에서의 전투실험 지원 등 전투발전소요를 창출함으로써 육군의 상시전투준비태세 유지에 기여한다.

전투력 발휘수준을 명확히 알게 한다.

전통방식[6]의 부대훈련은 전투과정과 결과를 가시화할 수 없고, 데이터 생성 및 분석체계가 없어 명확한 평가가 제한됨으로써 전투력 발휘수준을 가늠하기 어렵다. 그러나 KCTC 과학화전투훈련체계는 전투과정과 결과 가시화, 생성된 데이터를 기반으로 과학적 분석이 가능하고, 객관적인 사후검토 및 평가를 통해 전투훈련부대 스스로 과오를 식별해 보완하는 기회를 제공한다.

활용가치가 높은 전투 데이터를 제공한다.

KCTC전투는 전투훈련부대의 전투경험 이외에도 유의미한 많은 전투 데이터를 생성해 군사적 활용가치가 매우 높다. KCTC 여단

6) 전통방식의 훈련은 재래식 훈련방법으로, 실전적 훈련의 제한을 극복하기 위한 수단으로 첨단 과학기술을 적용한 과학화전투훈련방법과는 구분된다.

급 과학화전투훈련체계를 전력화(2018년 7월)한지 상당한 시간이 지났고, 매년 12개 여단전투단의 전투가 진행되면서 매회 3억 개 이상의 데이터가 누적되어 횟수가 증가하면서 활용가치는 더욱 증대되었다.

데이터 세트[7]가 증가하면서 단위 전투훈련분석에서 여러 회의 전투훈련을 융합해 분석할 수 있게 되었고, 딥러닝과 기계학습[8]을 통해 학습된 모델로 일반화에 가까운 분석결과를 도출할 수 있는 여건이 조성되었다.

7) 데이터 세트는 특정 목적을 위해 수집된 데이터의 모음으로 컴퓨터 기계학습과 관련이 있으며, 모델을 훈련하고 테스트하기 위해 사용된다. 데이터 세트는 일반적으로 특정 형식이나 구조를 따르며, 이미지 · 텍스트 · 숫자 등의 형태일 수 있다.

8) 딥러닝(Deep Learning: DL)과 기계학습(Machine Learning: ML)은 모두 AI(Artificial Intelligence, 인공지능)의 하위 분야로 데이터를 분석하고 학습하여 예측이나 결정을 내리는 데 사용된다. 딥러닝은 인공 신경망이라는 복잡한 모델을 사용해 데이터 자체로부터 특징을 추출해 자동학습하고, 기계학습은 전문가가 데이터를 처리하고 학습하는 방법을 명시적으로 프로그래밍한 알고리즘을 사용해 학습한다. 딥러닝은 많은 양의 데이터를 필요로 하고 복잡한 문제 해결에 적합하며, 기계학습은 비교적 적은 양의 데이터로부터 학습이 가능하고 간단한 문제 해결에 적합하다.

5-2

KCTC 전문대항군 이렇게 싸운다

KCTC 전문대항군은 북한군 편제로 북한군 전술을 구사해 전투훈련부대의 카운터파트 역할을 수행한다. 전문대항군은 승패보다는 전투훈련부대에 교훈을 준다는 목적으로 운용한다.

전문대항군은 매 전투마다 전투훈련부대를 압도하는 전투력을 발휘하지만, 이는 단순히 지형을 잘 알고 익숙해서가 아니라 전투훈련부대와 차별화된 실전적인 훈련과 싸워 이기겠다는 강한 정신력이 있기 때문이다

전문대항군이 북한군과 같다고 할 수는 없지만, 북한군의 모습으로, 북한군의 편성과 전술로 싸운다고 볼 때 참고할 만하다.

실전과 같게 훈련하고 싸운다.

전투훈련부대는 "전문대항군은 지형을 잘 알고, 지형에 익숙하다는 이점으로 전투훈련부대에 비해 상대적으로 전투력 발휘가 용

이하다. 그러니 전투훈련부대가 전문대항군을 이기는 것은 무리다" 라는 등 이유를 들어 패자가 감당할 손가락질을 회피하고자 한다. 하지만, 전문대항군은 단순히 지형의 이점으로 전투훈련부대를 압도하는 것이 아니라, 전투훈련부대와 차별화된 실전적인 훈련방법과 싸워 이기겠다는 강한 정신력을 발휘하기 때문이다.

전문대항군은 지휘관 및 참모사업절차[9] 간 지휘관과 참모는 물론이고, 가능한 모든 전투원이 참가해 임무와 우발사태를 포함한 전투수행방법을 공유하고 각 부대들의 전투행동을 시간·장소·임무별로 일치하도록 조직함으로써 다양한 우발사태에 대응할 수 있는 능력을 갖춘다.

전문대항군은 평시 훈련이나 전투에 임하기 전 어떤 상황에서도 '했다 치고, 된다 치고, 그렇다 치고'의 훈련을 하지 않는다. 전장실상과 상황을 기초로 실제 행동으로 숙달하고, 제한사항은 전투 전에 반드시 해결한다. 이러한 전투준비는 전장에서 발생하는 다양한 상황에 빠르고 유연하게 대응할 수 있게 한다.

9) 지휘관 및 참모사업절차는 북한군 용어로서 임무요해, 조회보고, 정황판단, 지휘정찰, 결심채택, 명령하달, 협동동작조직 순으로 수행한다. 이는 우리군의 임무분석, 방책수립, 방책분석, 방책선정, 계획완성의 계획수립과정과 유사한 개념이다.

전투훈련부대를 훤히 알고 싸운다.

전문대항군은 많은 전투훈련부대와 여러 번의 전투를 통해 전투훈련부대가 어떻게 행동할 것인지를 경험에 의한 데이터 기반으로 분석하고, 패턴을 알고 대응한다. 또한 교리의 기본 원리·원칙을 전장의 상황에 따라 응용해 적용하는 능력을 갖추고 싸운다. 그러나 대부분의 전투훈련부대는 싸워야 할 전문대항군의 행동분석이나, 교리의 기본 원리·원칙을 전장에 어떻게 적용할 것인지에 대한 관심이 부족하고, 전문대항군을 알지 못한 상태의 최초계획과 정형화된 전투수행방법에 집착해 싸운다.

전문대항군이 전투훈련부대를 상대로 압도적인 전투력을 발휘할 수 있는 주된 요인은 전투훈련부대의 전투수행방법이 정형화되어 있다는 것이다. 대부분의 전투훈련부대는 교범의 틀 속에서 정형화된 계획을 수립하고, 정형화된 방법으로 전투를 수행함으로써 반복적인 과오를 범한다. 전투훈련부대는 전투가 개시되기 전에야 정보부족으로 인해 계획수립에 어려움이 있다고는 해도, 전투실시간 계획을 보완하거나 변경할 수 있는 많은 정보가 획득되어도 최초계획을 변경할 의지가 부족하다. 전투수행방법도 마찬가지다.

전투훈련부대의 지휘통제기능을 우선 마비시킨다.

전문대항군은 여러 번의 전투를 통해 상대의 머리, 신경망이라고 할 수 있는 지휘통제기능을 무력화하면 이미 승패는 결정된다고 경험했다. 지휘통제기능은 가용 작전요소와 정보 · 기동 · 화력 · 방호 · 지속지원기능을 통합하고 작전을 주도하는 기능으로 마비되면 전장상황 파악, 명령하달, 의사결정 및 부대 간의 협조가 어렵게 되고, 무엇을 어떻게 해야 할지 혼란에 빠지고 사기가 저하된다. 따라서 전문대항군은 전투가 개시되기 이전부터 최우선해 전투훈련부대의 지휘통제기능 무력화에 역량을 집중한다. 표적이 되는 시설은 지휘소와 통신소, 통신중계소로 식별 및 공격수단은 주로 침투부대(직접 타격 또는 화력 유도)와 화력에 의하며, 전자전 및 사이버공격을 병행한다. 동시에 자신의 지휘통제기능을 유지하고 방호하는 데 상당한 노력을 기울인다.

예측하지 못한 방법으로 전투훈련부대를 혼란시킨다.

전문대항군은 북한군 전술에 기초해 다양한 전투수행방법을 구사한다. 적 전술 교범에 소부대의 세부적인 전투행동을 모두 담을 수 없다는 것을 이해하지 못하고, 교범에 제시된 큰 틀의 북한군 전술에 고착된 전투훈련부대는 전투수행방법을 다변화하고 있는 전문대항군의 전투행동을 예측하지 못하고 한정한다. 예측하지 못한 전문대항군의 전투행동은 전투훈련부대에게 혼란을 주기에 충분하다. 예컨대, 대부분의 부대를 침투식으로 운용하거나, 예상치 못한 대낮에 공격하거나, 도저히 기동할 수 없다고 생각되는 지역으로 공격하거나, 차량화된 소규모 부대가 전투훈련부대 종심까지 기동해 후방을 공격하거나, 침투부대가 지뢰를 휴대하고 전투훈련부대 종심지역에 침투해 중요지점에 지뢰를 매설하는 등이다. 이를 두고, "그렇게 무모하게 싸우는 전술이 어디 있어? 북한군 전술을 잘못 적용한 것이지"라고 고착된 나의 기준으로 상대를 판단해서는 안 된다. "최고의 전술은 통념이나 상식이 아니라, 이기는 것이다"라는 것을 이해해야 한다.

아군끼리 싸우게 한다.

전투결과를 분석해 보면 의외로 전투훈련부대의 피해 중 많게는 반(半)이 우군 간 발생하고 있음을 알 수 있다. 우군(전투훈련부대) 간 피해는 포병 또는 항공기에 의한 경우 전투훈련부대의 잘못된 표적위치결정이나 위험범위를 잘못 산정해 발생하기도 하지만, 대부분은 피아식별이 안 되어 발생하는 오인에 의한 우군 간 직사화기 교전에서 발생한다.

직사화기에 의한 우군 간 피해는 전문대항군의 전술에서 "그럴 수 있겠구나"라고 이해할 수 있다. 전문대항군은, 특히 시도가 불량한 야간에 전투훈련부대 사이에서 사격 후 이탈하는 행위를 함으로써 전투훈련부대 간 적으로 오인해 서로 교전하도록 만든다. 또한 아군의 오인사격 유도행위에 대비한 부대 간의 통신, 피아식별, 철저한 사격통제에 익숙하고 습성화되어 있다.

일인다역이 가능하다.

완전한 조직과 편성으로 전투를 수행하는 것은 불가능하다. 조직의 일부 또는 전부가 기능할 수 없는 상황도 발생한다. 특히, 팀워크를 발휘해야 하는 전투의 속성상 구성원 중 누구 하나가 부재한 경우, 역할을 대행할 수 없다면 팀 전체 기능이 상실된다. 따라서 지휘관(자)이 부재하면 부지휘관(자)이, 부지휘관(자)이 부재하면 차선임자가, 사수가 부재하면 부사수가, 부사수가 부재하면 탄약수가 등 임무를 대행할 수 있도록 훈련되어야 한다.

전문대항군은 발생할 수밖에 없는 이러한 상황에 대비해 일인다역이 가능하도록 훈련한다. 또한 공통임무를 도출해 누구나 이를 해 낼 수 있도록 훈련하고 싸운다.

지휘소 경량화로 기동력이 뛰어나다.

전투훈련부대의 지휘소는 지휘소자동화체계, 컴퓨터, 모니터, 책상, 의자, 발전기, 상황판 등 다양하고 무거운 장비나 물품을 많이 운용하는 반면, 전문대항군은 지도 한 장에 몇 대의 통신장비, 맨땅이 전부다. 게다가 전문대항군은 다수의 예비지휘소를 준비하고 지휘소마다 안전하게 이탈할 수 있는 수 개의 이탈통로를 선정해 둔다. 말 그대로 '들고 뛰면 된다.' 그렇다고 전투훈련부대가 전문대항군과 같이 지도 한 장에 몇 대의 통신장비, 맨땅에서 임무를 수행해야 한다는 것은 아니다. 첨단화되고 상대적으로 많은 장비를 들고 뛸 정도의 수준으로 경량화하고, 운용 및 관리능력을 갖춰야 한다는 것이다.

지휘소를 수시로 이동해야 하는 전장에서 경량화와 장비를 신속하게 제거하고 설치하는 능력은 기동성 발휘를 위해 필수적이다. 보기 좋은 내부 구성과 편안함이 아니라 효율성에 기초한 지휘소 구성에 주안을 두어야 한다.

야간전투에 능숙하다.

전문대항군은 어떤 상황에서도 자신을 노출하는 행위를 하지 않는다. 특히, 야간이나 불량한 시도조건에서 불빛이나 소리에 의한 노출을 방지하기 위해 부단히 훈련한다. 전투훈련부대의 위치를 식별하는 데 불빛이 주된 요인임을 경험했기 때문이다. 어둠을 극복하기 위해 평시부터 다양한 암중기동방법과 신호방법을 착안해 혹독하게 훈련한다.

KCTC전투 간 야간에 전문대항군의 사단장으로서 지휘소를 방문하면서 나로서는 아무것도 보이지 않는 상황인데도, 조명 없이 꽤 먼 거리를 조용히 능숙하게 찾아가는 유도병을 보면서 야간 적응훈련의 중요성을 실감했다. 나는 "어두워서 아무것도 볼 수가 없는데 어떻게 목적지를 찾아갈 수 있나?" 물었더니 "예, 저희는 보측과 참고점, 야간 전술보행 등을 활용해서 어려움이 없습니다"라고 답변했다.

전통과 자긍심으로 전투의지가 충만하다.

전문대항군이 전투훈련부대와 차별화되는 것 중 하나는 "한 번도 패한 적이 없다[10]"는 자긍심, 이러한 "전통을 지켜야 한다"는 정신이다. 이는 전문대항군에게 강한 전투의지를 가지게 해 혹독한 훈련은 물론, 전장에서 명령을 생명과 같이하고, 어떠한 어려움도 극복할 수 있게 한다. 이는 시켜서가 아니라 전통과 자긍심이 스스로를 그렇게 만든 것이다.

10) KCTC전투는 승패를 겨루는 데 목적을 두지 않고, 전문대항군은 전투훈련부대에 교훈을 주는 데 주안을 두고 운용한다. 그러나 전문대항군 입장에서는 강한 자긍심을 위해 스스로 정의한 '승패'를 활용한다.

5-3

KCTC전투 교훈

분명히 해야 할 것은 KCTC전투의 목적이 좋은 성적을 내는 데 있지 않다는 것이다. 실전과 같은 전투훈련을 통해 ① 전장 이해, ② 전투를 경험함으로써 전장에서 요구되는 능력이 무엇인지를 식별, ③ 부대의 취약점을 도출해 전투력 발휘능력을 극대화하는 데 목적을 둬야 한다. 'KCTC전투를 성공적으로 수행하려면'이란 이러한 관점에서 이해해야 한다.

KCTC전투를 성공적으로 수행하기 위한 특별한 방법이 있다기보다는 앞서 언급한 능력을 구비하면 된다. 전장실상을 이해하고 전장을 올바로 인식하는 것이 우선이며, 북한군 전술을 이해하고 전장에서 요구되는 능력에 기초해 전투를 준비하고, 전장에서 행동할 수 있도록 실전적으로 훈련하면 된다는 당연함을 구현하면 된다.

전투의 시작은 현재의 편성으로 하라.

KCTC전투를 위해 싸워야 할 편성이 아닌, 임시로 보충 및 편조해 싸우는 것은 실전적이라 할 수 없다. 지금 당장 전투를 치른다는 각오로 부족하면 부족한 대로 전투에 참가하고, 전투실시간 추가적인 전투력을 할당받아 운용하는 능력을 길러야 한다.

KCTC전투를 시작하기도 전에 완전한 편성을 위해 인접부대로부터 전투력을 전환하는 것은 실제로는 이뤄질 수 없는 행정적인 조치일뿐더러, 급하게 지원해야 하는 지원부대 입장에서는 혼란할 수밖에 없다.

사단 기능부대와 인접부대를 통합해 훈련하라.

전투는 상·하급부대, 인접부대와의 지원 및 협조를 통해 수행되며 단독으로 수행되지 않는다. 단독훈련에서는 상급부대의 지원이나 인접부대의 협조와 관련해서 '했다 치고, 된다 치고, 그렇다 치고'가 될 수밖에 없다. 따라서 평시부터 지원 및 협조관계에 있는 모든 제대, 모든 부대를 통합해 지원 및 협조 하에 숙달해야 한다. 다만, 현실적인 여건을 고려해 상급부대의 기능부대는 온전하게 참가하되 인접부대는 대응반 정도로 참가하면 될 것이다. 상급부대의 기능부대는 전투훈련장 여건에 따라 여단전투단 작전지역

밖의 훈련장에서 자체 훈련을 하면서 지원소요가 발생되면 투입하는 방법으로 전투에 참가하면 된다. KCTC에서 어떻게 통제하든 이렇게 해야 실전적인 전투가 가능하고, 전투과정에서 발생하는 취약점을 정확하게 식별할 수 있다. 통합전투훈련은 전투에 참가한 상급 및 인접부대 등 많은 부대의 전투경험 기회를 제공한다.

한편, 한미연합전투훈련 시 중요한 문제로 통신소통을 위해 상호 무전기 운용체계를 공유하고 제한사항을 해결해야 한다. 미군의 무전기와 우리 무전기 PRC-999K의 연동을 위해서는 중계기(미군의 무전기와 RIC-K케이블, PRC-999K로 구성)가 필요하며, 보안문제로 통상 미군이 직접 운용하기를 요구한다. 이 경우 미군 운용자가 부재하지 않도록 협조하고, 제한 시 우리 병력을 지원할 수 있다는 점을 염두에 둬야 한다. 이는 전투훈련뿐만 아니라, 실제 전투에서도 연합작전에 참가하는 모든 국가를 대상으로 동일하게 적용하고 해결할 문제다.

전장의 요구를 충족하라.

우선은 전장실상을 정확히 이해하고 전장에 대한 인식부터 바꿔야 한다. 싸우기 전에 전장에서 요구되는 능력을 정확히 도출해 충족하고, 행동화를 위한 전투준비와 전장에 적용할 수 있는 능력을 구비해야 한다. 이렇게 함으로써 싸우기 전에 이미 승리의 형세는 갖춰진다.

전장은 무질서, 마찰과 불확실 속에서 고통과 공포가 난무하고 적의 위협은 비정형화된 방식으로 때와 장소, 방법을 가리지 않고 상존하는 곳이다. 곳곳에 화재가 발생하고, 공격작전 중에 급편방어를 하거나 방어작전 간 역습 등 공격작전을 수행하기도 한다. 각종 보고는 사실과 다르고, 불리한 상황인식은 순식간에 확산된다. 피아를 구분하기도 어렵고, 첨단장비와 전투장구류가 전투행동의 장애가 되기도 한다. 기동 간 지형이나 장애물로 지체되기도 하고, 방향을 잃기도 한다. 이처럼 전장은 마찰과 불확실성이 예상보다 훨씬 커 상황예측이 어렵고, 정형화된 틀이나 각본이 허용되지 않는다. '했다 치고, 된다 치고, 그렇다 치고'가 통하지 않으며, 의지만으로 싸워 이길 수 없다는 인식을 분명히 해야 한다.

이겨놓고 싸우기 위해서는 하던 대로 해서는 안 된다. 전장에서 조건반사적으로 행동함은 물론, 상황에 맞게 대응할 수 있어야 한다. 이를 위한 준비, 행동과 관련된 주요 내용을 요약하면 다음과 같다.

① 북한군 전술에 대한 깊은 이해가 있어야 한다. ② 전시전환, 공격(방어)작전과 방어(공격)작전 태세 전환능력을 구비하고 전투를 개시하는 시점에 공격(방어)작전을 수행하더라도 동시에 방어(공격)작전을 준비해야 한다. ③ 하나의 계획에 매달려 깊이 있게 하기보다는 폭을 넓혀 다양한 우발사태를 상정해 여러 개의 보조계획을 수립하고, 전장에서 발생할 수 있는 상황을 예측해 방법과 절차를 전술예규에 반영하고 부분적인 수정만으로 빠르게 대응할 수 있어야 한다. ④ 임무형지휘를 통해 예하부대의 자율성을 보장해야 한다. ⑤ 예비지휘소를 다수 선정하고 상황에 따라 미리 준비해

야 한다. ⑥ 전장의 지형과 기상 극복, 암중기동, 지휘관(자) 유고 시 대행, 표적위치결정, 피아식별, 전장화재 극복, 전투현장응급처치, 악조건에서의 정비, 전투장비의 상시 사용 가능상태 유지, 개인과 부대 경량화, 공통임무수행 등 능력을 구비해야 한다. ⑦ 상황을 과소, 유리하게 평가하거나 외면해서는 안 되며 종합적으로 평가해야 한다. 해 오던 대로, 계획대로에 집착해서도 안 된다. ⑧ 모든 행동 시 작전목적과 이유를 상기해야 하며, 상황에 따라 계획을 변경하고 실패한 방책을 반복해서는 안 된다. 또한 원리·원칙은 상황에 맞게 응용해 적용하고 창의성을 발휘해야 한다. ⑨ 명령을 하달하고 수령할 때는 명령의 이해, 여건조성계획, 제한사항 및 조치계획 등을 명확히 해야 하며, 어떤 의문도 남겨둬서는 안 된다. ⑩ 부대가 있는 곳에는 전·후·측방의 상황을 파악하고 경고할 수 있도록 반드시 더듬이와 같은 부대를 운용해야 한다. ⑪ 아군의 적지종심지역작전부대 등 각종 정보자산, 지휘소 및 중계소 등 지휘통신체계, 중요 화력수단은 방호되어야 하며, 적의 이러한 기능을 우선 마비시켜야 한다. ⑫ 적의 길'목'에 집중해 전투력을 효율적으로 운용해야 한다. ⑬ 전장에서 편함을 추구하면 생존할 수 없으며, 멈추거나 밀집하지 않도록 해야 한다. ⑭ 감시장비를 효율적으로 운용하고, 야간의 수색정찰 및 건물·갱도진지 소탕 시 내부 진입은 신중히 해야 한다. ⑮ 사격 후에는 예외 없이 진지를 변환 또는 전환해야 한다. ⑯ 피아를 식별할 수 있는 대책을 강구하고, 작전보안 유지, 철저한 사격통제, 우군 간 오인사격을 방지해야 한다. ⑰ 어떤 경우든 통신을 유지하고, 통신장비 피탈 시에는 적이 사용할 수 없게 만들어야 한다. ⑱ 전투원을 굶기지 말고, 전투피로를 해소해야 한다. 또한 전투원의 편의를 최대한 제공해야 한다. ⑲ 전사자 탄약을 적절히 활용하고, 기동장비는 항상 연료상태를 확인해야 한다. ⑳ ATCIS는 건전한 상황판단-결심-대응이 가능하도록 신뢰할 수 있도록 운용해야 한다.

한편, FTX 전에는 반드시 Rock-Drill을 통해 취약점을 보완하고, 평가지표 최적화와 냉정한 평가를 통해 부대의 전투력 발휘수준을 명확히 파악해야 한다. 또한 강한 전투의지 배양과 전투원 간 신뢰를 구축해야 한다.

통제, 모의에 관심두지 말고 상황에 충실하라.

KCTC전투는 승패를 겨루는 데 목적이 있지 않다. 실제와 같은 전투를 경험하고 취약점을 식별해 보완하는 것이 목적이다. 전투간 부대훈련에서는 경험할 수 없었던 생소한 상황에 직면하기도 한다. 이는 지극히 당연한 현상이며, 이러한 상황에 직면하는 것 자체가 전투훈련의 목적이라고 인식해야 한다.

늘 하던 것과 다른, 익숙하지 않은 상황이 발생하면 "상황이 잘못된 것 아니냐", "통제에 문제 있는 것 아니냐" 등 상황을 이해하려고 하지 않고 통제를 탓해서는 안 된다. KCTC전투에서 실제 전장과 거의 같은 전투를 구현하기 위한 모의는 불가피하며, 모의결과는 의심의 여지가 없다. "사격을 정확히 했는데 피해가 나지 않는다", "우리의 피해가 너무 많다" 등 모의논리에 관심을 둔다면 전투훈련의 목적을 달성할 수 없다.

전투훈련부대는 통제, 모의논리에 관심두지 말고 발생된 상황 자체에 충실해야 한다.

평가에 집착하지 말고 창의적으로 계획하고 싸워라.

KCTC전투에서도 평가는 전투행동의 방향타로 작용한다. 전투를 경험하고 취약점을 식별하는 데 주안을 두지 않고, 평가에 집착하면 평가에 유리한 행위를 유발하게 된다. 교범에 제시된 기본 원리 · 원칙, 절차를 그대로 평가하고 있다면 정형화된 틀을 벗어날 수 없고, 창의성을 기대할 수 없다. 교범과는 다른 "엉뚱한 생각", "개념 없다"는 인식을 주고, 평가에 부정적일 수 있다는 두려움이 창의력 발휘를 제한하기도 한다.

평가를 잘 받기 위해 상황에 충실하기보다는 모의의 취약점을 이용해 "어떻게 하면 나는 피해를 덜 받고, 적에게는 피해를 많이 줄 수 있을까"를 고민하고, 해서는 안 될 규칙위반 행위를 하게 된다. 규칙위반 행위를 하는 순간 과학화전투훈련은 역성과를 내게 된다. 이를 해결하기 위한 근본적인 방법은 KCTC체계 성능개량과 평가체계를 개선하는 것이지만, 실전경험과 해당 지휘관이 자신의 개념과 의지대로 자신 있게 전투를 수행하고, 부대의 전투력 발휘 수준과 취약점을 식별한다는 본질에 충실함이 KCTC전투에서 승리하는 것임을 인식하고 임해야 한다.

전투훈련의 종료는 취약점을 보완하는 시점이다.

대개는 사후검토가 훈련의 마지막이라고 생각한다. 그러나 사후검토를 통해 식별된 취약점을 보완하는 시점까지가 전투훈련의 종료라는 인식으로 후속조치가 되어야 한다. 사후검토가 취약점을 식별해 보완하기 위한 목적이라고 볼 때 전투훈련의 최종상태는 취약점을 보완하는 것이고, 취약점 보완이 완료된 시점이 전투훈련의 종료시점이다.

5-4

KCTC 발전전략

KCTC 발전전략은 "어떻게 하면 더 실전적일 수 있을까?"에 주안을 둔 KCTC의 발전은 물론이고, 가까운 미래에 일반화될 과학화훈련의 확대에 있어 시사점을 제시하는 것을 목적으로 한다.

병역자원 감소와 병 복무기간 단축에 따른 단기 전투숙련, 갈수록 어려운 훈련여건을 해소하기 위해서라도 KCTC체계의 기술적 향상과 운용의 발전, 역할 확대는 시급하다.

과학화전투훈련체계는 운용하면서 체계 개선, 운용 및 통제방법 발전 등으로 실전과 거의 같은 환경을 조성했다고는 하지만, 실전과 더욱 가까운 환경 조성을 위한 과제는 여전히 남아 있다.

예컨대, 더 많은 부대의 KCTC전투경험 기회 제공, 보다 실전적인 전투환경을 구현한 미래형 과학화전투훈련체계 전력화, 부사관 위주로 전문대항군 편성, 통제 및 지원조직의 전문성 강화, 보다 실전적인 전투훈련 통제방법 발전, 어떤 부대 어떤 유형의 전투훈련도 가능한 전투훈련장 확장 및 개선, 고도화된 데이터 생성·분석·활용체계 구축, 통제조직과 평가체계 최적화, 비전투 분야의 전문화된 민간 대체인력 활용(PMC 도입) 등이다. 이러한 과제는 과학화전투훈련의 발전은 물론이고, 야전의 전통적인 훈련수단을 대체하게 될 과학화훈련의 설계와 부대훈련 발전을 위해서도 중요한 문제다.

한편, KCTC는 여러 면에서 순기능적 역할을 하고 있지만, KCTC 존재 자체가 성과를 낼 수는 없다. '실전과 거의 동일한', '전투력 발휘능력 향상'이라는 추상적인 개념을 객관적으로 평가할 수 있는 자체 진단시스템을 구비해 주기적인 진단과 발전을 도모해야 한다. 또한 유일하게 KCTC가 실제 전장과 거의 동일하다고 볼 때 야전의 실전적 부대훈련을 위한 유의미한 시사점을 제시해야 한다.

과학화전투훈련 전에 해당 제대의 전술훈련 완성

부대훈련은 '연간부대운영계획'을 통해 개인훈련으로부터 대부대훈련까지 단계적으로 훈련되도록 계획한다. KCTC전투는 여단급 훈련으로, KCTC전투 전까지 여단전술훈련을 완성하고 전투훈련에 임하도록 '연간부대운영계획'을 수립해야 성과를 기대할 수 있다. 그러나 '연간부대운영계획'이 완료된 이후 KCTC전투가 1년 단위로 편성됨에 따라 연초에 KCTC전투가 편성된 부대는 여단전술훈련은 커녕 중대전술훈련도 해보지 못한 상태에서 KCTC전투를 해야 하는 상황이 발생해 훈련성과를 기대할 수 없다. 이는 마치, 초등학생에게 중학교나 고등학교의 교육을 시키는 것과 같다.

여건조성을 위해서는 야전부대 자체의 노력도 필요하지만, 무엇보다 상급부대에서 여단전술훈련까지를 완성할 수 있도록 '연간부대운영계획'을 수립하기 전에 KCTC전투를 편성해야 한다. 또한 KCTC전투 대상부대 편성은 X-2년에 2년 단위로 할 필요가 있다. 그래야 여단전술훈련까지 완성할 수 있는 기간이 보장되고, 편성 시기에 따른 부대 간의 여건 성숙도의 불균형도 해소할 수 있다.

더 많은 부대의 KCTC전투 기회 확대

국내에서는 더 이상 훈련장을 추가 확보할 수 없는 상황에서 더 많은 부대의 실전경험이 가능한 과학화전투훈련을 위해서는 KCTC의 운영방법을 발전시키는 것이 현실적이다.

당장 할 수 있는 방안은 사단 기능부대와 인접부대를 통합해 훈련하는 것이다. 참가규모는 여건을 고려해 융통성 있게 하되, 규모를 판단할 때는 실전성을 기준으로 해야 한다. 이를 시행하는 데 전투훈련장 규모, 관찰통제 등 제한이 있을 것이라고 우려할 수도 있지만, 문제될 것이 없다. 사단 기능부대는 여단전투단의 관심지역에서 자체 훈련을 하다가 지원소요가 있을 때 참가하면 될 것이고, 인접부대는 전투지경선과 인접한 여단의 대대 또는 중대규모와 대응반이 참가하면 될 것이다.

다음으로는 KCTC 과학전투훈련체계에서 정비기간을 필요로 하는 교전훈련장비체계[11] 1세트를 추가 확보해 전투훈련을 중단 없이 보장하는 것이다.

KCTC는 현재 2주 전투훈련, 2주 정비를 함으로써 정비하는 2주 동안은 전투훈련을 할 수 없다. 2주간의 정비는 전투훈련 중 분실하거나 고장장비가 발생해 불가피하다. 정비로 인해 전투훈련이 제한되는 문제를 해결하기 위해서는 교전훈련장비체계 1개 세트를 추가 확보하면 된다. 즉, 2개 세트를 운용해 1개 세트 정비기간에 추가 확보된 1개 세트로 전투훈련을 하면 된다. 이렇게 되면 연간 12개 여단전투단에서 24개 여단전투단이 전투훈련을 할 수 있게 되고, 실전과 같은 전투훈련을 통해 병 복무기간 단축에 따라 요구되는 전투숙련도 조기 향상에도 기여한다.

현재의 KCTC가 대대급체계에서 여단급체계로 모습을 갖추는 데는 4천억 원 이상의 예산이 추가 소요되었지만, 여단급 교전훈련장비체계 1세트 추가에는 20%의 예산으로 가능하다. 20%의 예산으로 전투훈련 대상부대를 200% 확대하는 것은 충분한 가치가 있다. 교전훈련장비체계 1세트 외에도 전문대항군, 관찰통제관 등 통제조직의 확보도 필요하지만, 이는 운용방법 발전을 통해 추가 보충 없이 해소할 수 있다.

한편, 예비전력 정예화 차원에서 KCTC와 같은 역할을 민간 차원에서 할 수 있도록 확대하는 방안을 고려할 수도 있다. 여건은 충분히 조성되어 있는 상태다. 국내에 많은 군사 마니아 및 동호회(게임, 서바이벌)가 있는데, 이들은 지방자치단체(민간 업체)에서 운용하고 있는 페인트 탄 기반의 서바이벌 체험장이 개선되기를 희망한다. 실전적 교전행위가 가능한 KCTC 과학화전투훈련에서 활

---

11) 교전훈련장비체계는 하드웨어체계의 한 분야로 실전과 유사한 무기 및 전장효과 묘사, 피해평가 및 사태처리를 하는 발사기, 감지기, 모의장비 등이다.

용하는 것과 유사한 체계로 전환하고, 시가지전투를 할 수 있기를 바란다. 현역 복무 간 KCTC전투경험자, KCTC 과학화전투경연 참가 경험자, 군 입대를 앞둔 입영대상자는 기대가 더 크다. 우크라이나-러시아 전쟁으로 군사 마니아 및 동호회가 증가하는 추세고, 경제력 상승과 워라벨(Work-Life Balance), 여가를 중시하는 사회적 분위기는 이 분야에 대한 관심을 끌어올리고 있다. 병역자원 부족과 연계해 정예화된 예비전력 확보를 위한 노력이 진행되고 있는 가운데 이러한 추세는 기회며, 기회를 활용할 필요가 있다.

페인트 탄 기반의 서바이벌 체험장을 KCTC 과학화전투훈련체계와 유사한 체계로 전환해 운용한다면 자연스럽게 정예화된 예비전력 확보가 가능할 것이다. 현재 운용 중인 지방자치단체(민간 업체)의 체험장은 경량화된 과학화전투훈련체계 도입과 시가지전투를 위해 부분적인 시설 보강을 하고, 추가 설치소요에 필요한 부지 및 시설은 국방부 등 국가의 유휴 부지를 활용할 수 있을 것이다. 특히, 미사용 군 주둔지는 대부분 건물 등 시설을 포함하고 있어 시가지전투를 위한 별도의 시설물을 구축하지 않고도 운용이 가능하다. 훈련장을 운용하는 지방자치단체(민간 업체) 입장에서는 지역주민 일자리 및 수입창출 기회로 작용해 적극적일 것이고, 유휴부지 및 시설의 효율적 활용, 예비전력 정예화라는 국가의 역할을 대신할 수 있다는데 정부 또한 마다할 이유가 없다.

바람은 지방자치단체 단위로 전투체험타운[12)]을 조성해 상시, 누

12) 전투체험타운은 부지, 경량화된 과학화전투훈련체계, 시설, 전문대항군, 통제조직을 필요로 한다. 전문대항군과 통제조직은 PMC(민간군사기업) 도입과 연계해 전문화된 자원을 활용(고정 또는 지역단위 순환)할 수 있다.

구나 군 생활의 향수를 느끼고 여가를 활용하면서도 실전적 전투 체험을 통해 자연스럽게 정예화된 예비전력이 확보되는 것이다.

부사관 위주의 전문대항군 편성

KCTC의 전문대항군은 병 위주로 편성되어 많은 훈련을 통해 전투를 경험하고 능력을 갖출만하면 전역을 하게 되어, 교육훈련 소요를 증대시키고 풍부한 경험과 전문성을 활용할 수 없다는 악순환을 반복하고 있다. 따라서 전문대항군을 부사관 위주로 편성해 전문대항군의 역할을 강화하고, 장기적으로 활용할 수 있도록 해야 한다.

전문대항군 편성을 위해 부사관을 추가 획득할 수 없는 현실에서, 야전에 보직하기 전 우선 전문대항군에서 경험을 쌓게 하고, 야전에 배출해 활용하는 인사관리가 필요하다.

전문대항군과의 전투 보장

KCTC전투를 통해 전문대항군과의 전투경험은 과학화전투훈련의 어떤 특징보다도 전투력 발휘능력 향상에 기여한다는 것이 입증되었다. 더 많은 부대의 과학화전투훈련 경험을 위해 아군 간 쌍방훈련을 고려할 수도 있으나, 이는 각국의 사례, KCTC 개편사업 목적, 전투훈련성과, 야전의견, 교육학적 측면 등을 고려해 충분한 검토가 필요하다.

전문대항군과의 쌍방훈련이 필요한 이유는 우선 ① 각국의 사례에서 찾아볼 수 있다. 미군의 이라크전 승리는 NTC에서 전문대항군[13]과의 실전적 훈련결과라는 연구결과와 과학화전투훈련을 하는 국가의 대부분이 전문대항군과의 전투훈련을 하고 있다. ② KCTC 여단급체계 개편사업의 목적이 전문대항군을 전제로 교전훈련장비와 사후검토장비가 개발되었고, 북한군 전투편성, 북한군 전술을 구사하는 전문 카운터파트 역할을 수행하는 부대를 통해 실제와 같은 적과의 전투를 경험하게 한다. ③ 과학화전투훈련 성과 면에서 강한 상대와의 전투를 통해 전장실상을 체험할 수 있다. ④ 야전 의견수렴결과 대부분의 부대가 전문대항군과의 전투훈련 성과를 체감하고 필요성을 인식하고 있다. ⑤ 교육학적 측면에서는 적과 최대한 유사한 상대와의 전투를 통해 훈련자의 요구와 관심을 반영하고, 전장체험과 실전적인 피드백 제공은 물론, 동기를 유발할 수 있다는 것이다.

전문대항군이 편성되어 있지 않은 야전의 부대훈련에서는 어려움이 있겠지만, 차선책으로 특공부대, 수색부대 등을 특성화해 전문대항군 역할을 수행하도록 할 수 있다. 그것도 어렵다면 KCTC 전문대항군 일부, 즉 분대급에 최소 1명이라도 편조해 운용하는 방안도 고려할 수 있다.

---

13) 전문대항군은 관찰통제관, 과학적 사후검토와 함께 NTC의 3대 핵심요소다.

초급간부, 지휘관(자) 및 참모 우선 전투훈련 체험

과학화전투훈련은 실전과 같은 전투를 경험하는 데 유용하지만, 교전훈련장비체계 추가 확보 등 여건이 조성되기 전 단기간에 모든 부대와 전투원이 경험하기에는 제한이 있다. 현재의 과학화전투훈련체계 운용의 한계, 부대단위 과학화전투훈련 순환체계는 병력 및 보직 순환이라는 문제와 연계되어 실전과 같은 과학화전투훈련을 한 번도 경험하지 못한 전투원을 발생시킨다.

제한을 극복하기 위한 근본적인 방법은 과학화전투훈련체계와 훈련장을 추가 확보하는 것이지만, 단기간 해결할 수 없는 문제로 당장은 운영방법을 발전시키는 것이 현실적이다. 우선해, 훈련을 기획 및 통제하고 실시간 전투지휘를 담당할 지휘관(자), 그리고 전장실상을 간접적으로라도 체험하지 못한 채 훈련하고, 지도하고, 지휘해야 하는 초급간부를 대상으로 할 필요가 있다.

미래형 과학화전투훈련체계 설계, 전력화 추진

현재 운용 중인 KCTC 과학화전투훈련체계가 세계 최고수준이라고 해도 KCTC 전장과 전투가 실제와 같을 수는 없다. 그러나 실제와 더욱 근접하기 위해서는 과학화전투훈련체계의 성능개량이 지속적으로 이뤄져야 한다. 그동안의 운용을 통해 많은 개선소요가 도출된 바, 적은 예산과 노력으로 당장에 개선할 부분도 있지만, 개선 규모와 예산소요가 많은 분야는 단계적으로 개선해 나가야 한다.

개선소요는 현재의 기술수준과 관계없이 창의적인 모든 개선소요를 망라한 상태에서 기술발전에 따라 개선 시기를 판단하면 된다. 예컨대, 장비 작동을 위한 배터리 교체를 위해 전투의 흐름을 중단하고 불필요한 노력을 하게 되는데, 이를 해결하기 위해 새로운 개념의 원거리 무선 자동충전 배터리를 착안했다고 하자. 이 경우 "아직은 기술적으로 구현이 어려우니 개선소요에 포함할 수 없다"라고 해 관심 밖에 둘 것이 아니라, 당장은 기술적으로 구현하지 못한다고 해도 소요를 목록화하고, 기술 발전에 따라 개선시기를 판단하면 될 일이다.

착안한 개선소요를 모두 망라할 수는 없지만, 주요 요구성능을 요약하면, 교전훈련장비와 관련해서는 ① 마일즈 대체(차폐 극복) 소형 경량화, 유사 기능 통합 및 편의성 보장, 감지기 형태는 병력은 전자섬유 피복일체형, 장비와 시설은 내장형으로 해 범용화, ② 군 사용 지형정보 표준화(BTCS, 과학화전투훈련체계, ATCIS 등), ③ 미래 무기체계 개발 시 간편한 연동, 연합전투훈련체계 구축, ④ 확보가 제한되는 북한군 장비 홀로그램(피해 감지기능) 적용, ⑤ 위성통신 기반 초고속 정보유통 모바일환경 조성, ⑥ 해군 함포, ATCIS 등 타 체계와 연동 등이다.

데이터 수집 및 관리 분야는 ① 전투 승패에 영향을 미치는 항목으로 생성 데이터 목록 재정립, ② KCTC, 야전, 병과학교, BCTP 등 모든 출처의 데이터 수집 · 저장 · 분석 · 관리체계 구축, ③ AI

(인공지능) 데이터분석체계 발전 등이다.

기타 ① 관련 체계와 연동해 최초의 편제 데이터 간편한 전환, ② 초소형하이브리드 전지(소형 대용량) 개발, ③ 모든 과학화전투훈련장비 표준화와 운용방법 단순화, ④ 유사장비에 호환이 가능한 수리부속, 단순한 수리부속은 3D 프린팅으로 자체 제작 등이다.

새로운 체계 개발 시에는 현 체계의 수명연한, 개발 소요기간, 전투훈련의 지속 보장 등을 고려해 착수와 동시에 다음 버전의 체계 개발이 시작되어야 한다.

야전의 장비 전력화와 과학화전투훈련수단 동시 개발

이미 야전에서 전력화되어 운용되고 있지만, 유일하게 실전과 거의 같은 경험을 하게 하는 과학화전투훈련에서는 운용할 수 없는 장비가 다수 있다. 대안으로 교전모의가 가능한 유사 장비로 대체해 전투를 수행하기도 하지만 아예 운용하지 못하는 경우도 있다. 싸워야 할 장비 없이 또는 다른 장비를 사용해 전투훈련을 하는 것은 성과를 기대할 수 없다. 이는 야전의 장비가 전력화됨과 동시에 과학화전투훈련을 위한 교전모의장비가 개발되지 않았기 때문에 나타나는 현상이다. 이러한 문제는 실전과 유사한 상황에서의 전투경험을 하도록 많은 예산을 투입한 과학화전투훈련이 적은 예산 분야의 관심부족으로 성과를 떨어뜨리는 결과가 된다. 마치 고가의 장비를 설치하고 작은 부품 하나를 확보하지 않아 장비 자체를 운용하지 못하는 것과 같다.

야전 전력화를 위한 장비 개발과 과학화전투훈련을 위한 교전모의장비(발사기, 감지기 등) 개발이 동시에 추진되도록 규정화해야 한다. 이렇게 함으로써 KCTC전투의 성과를 극대화할 수 있다. 또한 동시 개발은 예산 절약과 연구개발 기간을 단축하는 등의 측면에서도 유리하다.

과학화전투훈련 데이터분석 고도화, 활용 확대

이미 미국을 비롯한 군사강국은 실전 및 과학화전투훈련 데이터 기반의 AI(인공지능) 군사적 활용을 위한 연구개발에 막대한 예산 투입과 노력을 집중하고 있다는 데 주목해야 한다.

KCTC전투과정에서 매 전투훈련 간 3억 개 이상의 정형 및 비정형데이터[14]가 생성된다. KCTC에서 운용되는 과학화전투훈련체계[15]는 실제 전투를 통해 얻을 수 없는 데이터까지를 생성해 군사적 활용가치가 높다.

14) 정형데이터는 정의된 일정한 형식이나 구조에 맞게 작성된 데이터로 위치정보, 피해정보, 장애물정보 등이며, 비정형데이터는 미리 정의된 방식으로 정리되지 않은 데이터로 영상, 음성, 관찰기록 등이다.

15) 과학화전투훈련체계는 크게 하드웨어체계와 소프트웨어체계로 구분되고, 하드웨어체계는 교전훈련장비체계 · 중앙전산장비체계 · 관찰통제장비체계 · 사후검토장비체계 · 훈련지원장비체계 등으로 구성되며, 소프트웨어체계는 훈련통제소프트웨어체계 · 체계지원소프트웨어체계로 구성되어 있다.

예컨대, AI 군사적 활용 관련 아바타에 의한 가상현실 속 전투,[16] AI 전장정보분석, AI 표적처리, AI 지속지원, AI 지휘결심지원, BCTP AI 대항군 등 첨단전투체계 개발에 필수적인 데이터를 제공하는 등 활용할 수 있다.

KCTC전투 데이터는 아직은 '사후검토' 위주로 활용하고 있는 실태다. 이유는 분석관의 능력, 생성 데이터의 유효성, 데이터분석을 위한 도구 사용의 어려움, 데이터 보안 등에 있다. 분석관은 전문교육을 받지 않은 상태로 보직되어 익숙할 만하면 타 직책으로 전환되어 전문성을 가질 수도, 전문성을 발휘할 수도 없는 현실이다. 또한 생성되는 데이터는 이상치[17]와 결측치[18]가 다수 존재하는 등 신뢰도가 낮고, 데이터구조가 복잡해 분석에 많은 시간이 소요된다. 분석관은 보직 전에 전문화 교육을 이수하거나 능력을 갖춘 인원을 보직해 전문성을 발휘할 수 있도록 충분하게 활용기간을 부여하고 관리해야 한다. 육군에서 2024년 5월 AI(인공지능)를 포함한 과학기술 분야 전문자격을 신설하고 체계적인 인사관리를 위한 제도를 마련한 것은 환영할 만하다.

KCTC전투 데이터의 군사적 활용을 확대하기 위해서는 KCTC전

---

16) 아바타에 의한 가상현실 속 전투는 전장과 동일한 가상현실에서 실제 전투를 하고, 전투결과 데이터를 KCTC전투 데이터와 융합해 딥러닝과 기계학습 모델을 학습시키는 데 활용할 수 있다. 아바타에 의한 가상현실 속 전투체계, 딥러닝과 기계학습이 고도화되면 AI 전장정보분석, AI 표적처리, AI 지속지원, AI 지휘결심지원체계 등은 자연스럽게 병행해 발전될 것이다.

17) 이상치는 정상 범주에서 크게 벗어난 값으로 데이터의 분포를 왜곡시켜 모델의 성능을 저하시킬 수 있다.

18) 결측치는 값이 비어 있는 데이터로 수집과정에서 측정되지 않거나 누락된 데이터로 데이터의 양을 줄여 모델의 정확도를 떨어뜨릴 수 있다.

투 데이터의 유효성 확립을 위한 데이터 목록 재정립, 데이터의 신뢰성 확보, 다(多) 출처 데이터의 수집과 융합체계 구축, 심층연구를 담당하게 될 기관에 데이터를 제공할 수 있는 제도적인 장치가 마련되어야 한다.

데이터는 전사, 교리, 과학화전투훈련결과 등에서 전투 승패에 영향을 미치는 요인을 찾아 관련된 데이터로 목록을 재정립해야 한다. 데이터 생성 및 분석체계는 구조를 단순화해 필요한 데이터에 쉽게 접근 및 활용할 수 있도록 개선하고, 데이터가 오염되지 않도록 통제방법을 발전시켜야 한다. 또한 데이터분석의 신뢰도를 높이기 위해 다양한 출처의 데이터를 확보해야 하는데, 이는 BCTP 훈련, 야전의 부대훈련, 학교교육 등에서 생성되는 데이터를 확보해 융합하도록 체계를 구축함으로써 가능하다. 다만, BCTP와 야전의 중대 및 소대 과학화전투훈련에서 생성되는 데이터는 KCTC와 동일한 목록의 데이터가 생성되도록 데이터 목록을 정비하고, 학교교육의 데이터는 데이터 생성 및 분석체계가 구축되어 있지 않아 체계개발이 선행되어야 한다.

데이터분석을 쉽게, 유의미한 분석을 위해서는 우선 전문가 집단의 논의를 통해 '무엇을 분석할 것인지' 분석주제를 도출하고, 분석주제별로 원천 데이터를 입력하면 자동으로 결과가 산출되도록 하는 도구도 필요하다. 자동화 분석도구의 사용은 분석관 소요를 감소시키고 효율적인 분석을 가능하게 한다.

과학화전투훈련장 개선

실전과 거의 같은 훈련이 가능한 KCTC의 전투훈련장 개선은 더 이상의 훈련장 확보 제한이라는 문제와 연계해 전투훈련장 확장과 어떤 훈련도 가능한 종합전투훈련장 개념으로 개선할 필요가 있다.

현재의 전투훈련장을 미래 보병여단 작전지역 규모로 확장하고, 산악지역 및 평야지역, 작전유형별 전투훈련이 가능하도록 정책적 고려가 필요하다.

훈련장 확장문제는 선행되어야 할 거주 주민 이주가 가장 큰 제한요인으로 작용하기 때문에 거주상태에서 확장하는 방안을 모색해야 한다. 훈련장 내 주민은 모두 이주해야 한다는 기존의 생각에서 벗어나야 한다. 훈련장 거주 주민은 잘 활용하면 실전적 훈련에 오히려 도움이 된다. 훈련장 내 거주를 허용하되 훈련 간 적성 주민 역할을 수행하도록 하고 적절한 보상을 하면 될 것이다. KCTC 전투훈련장 확장소요 범위 내 거주 가구는 소수이며, 대부분 공감하는 분위기다.

평가체계 최적화

KCTC 여단급 과학화전투훈련체계가 전력화된 이후 상대평가와 절대평가의 과정을 거치면서 각각의 장·단점이 식별되었으며, 분석결과에 기초해 평가체계를 최적화할 필요가 있다.

KCTC전투가 훈련의 최종단계이기는 하지만 실전적 훈련경험이 부족한 현재의 상태에서는 순위를 내는 평가가 유의미하다고 볼 수 없다. 먼저 KCTC전투경험과 일정수준의 능력을 갖추도록 하고, 그리고 나서 순위를 내 1순위의 부대와 지휘관에게는 진급 가점을 부여하고, 불합격 부대의 지휘관은 보직을 해임하는 등의 강력한 조치가 필요하다. 그러나 여건이 성숙되지 않은 현 상황에서는 순위가 드러나는 상대평가, 절대평가가 좋은 방법이라고 하기 어렵다. 이는 단지, 숙련되지 않은 부대를 대상으로 1순위의 1개 부대는 만족하고 우세하다고 허상(虛想)을 믿게 만들고, 나머지 다수 부대는 굴욕과 패배의식을 가지게 할 뿐이다.

군 교육훈련의 궁극적인 목적이 모든 부대의 전투력 발휘수준을 상향평준화하는 데 있다는 것에 주목해야 한다. 여건이 성숙되기 전까지는 모든 부대가 KCTC전투경험을 통해 전투력 발휘능력을 갖추는 데 주안을 두고, 여건이 성숙된 후에 비로소 순위를 내는 상대평가를 엄격하게 적용할 필요가 있다. 따라서 여건이 성숙되기 전인 현 상황에서는 절대평가방법을 적용하되 순위를 내기보다는 합・불제평가체계를 적용하고 취약점을 명확히 제시해야 한다. 취약점 분석은 전투결과가 데이터로 확인되는 KCTC만의 특징과 전투는 과정보다는 결과에 의해 성공과 실패가 결정된다는 점을 고려해 결과에 기초한 과정의 분석에 중점을 둬야 한다.

전투훈련 후 취약점 보완 제도화

전투훈련을 하는 것도 중요하지만 훈련과정 및 결과를 통해 식별된 취약점을 보완하는 것은 더 중요하다. 그러나 우리의 관심사는 평가와 훈련 후 사후검토에 집중되어 있고 이것으로 종결된다. 훈련 후 취약점 보완에 대한 제도적 장치가 없을 뿐만 아니라, 해도 그만 안 해도 그만인 현실에서 이를 막을 도리는 없다.

훈련 후 취약점 보완을 위해서는 제도적 장치를 통해 강제할 필요가 있다. 예컨대, 훈련 후 3개월 이내에 취약점을 보완하고 상급부대의 전문화된 평가조직에 의해 최종보완 여부를 평가하는 등은 좋은 방법이다. 이는 훈련평가결과, 취약점 보완결과를 인사관리에 반영하는 것과도 연계되어야 한다.

지역과의 상생방안 모색

KCTC 전투훈련장은 농업 및 임업을 생계로 하는 고장에 위치하고 있으며, 훈련장 내부에는 지방도로가 관통하고, 훈련장 인근에는 소규모의 마을이 형성되어 있다. 훈련장 내에는 다양한 산나물과 송이 등 임산물이 풍부하다. 산나물이 나는 기간 훈련장 출입통제에도 불구하고 여러 주민이 활동하고 있는 데, 통제를 피하려는 행동으로 늘 위험에 노출되어 있는 실태다. 주말 등 휴일을 포함해 많은 통제 요원이 배치되지만, 역부족이다.

한편, 연간 24주 이상의 KCTC 전투훈련은 전차, 장갑차 등 대형 장비의 기동이 빈번하고 많은 병력이 활동하면서 소음과 분진, 위험성을 내포하고 있다. 이러한 환경은 지역과의 좋은 관계유지를 필요로 한다. 실제로 KCTC는 지방자체단체와 주민으로부터 많은 도움을 받고 있다. '과학화전투경연' 공동 주최, 전투훈련장 내 지방도로 관리, 상수도 사업 추진, 야외 체육시설 설치, 소음과 분진에 대한 감내 등이 대표적이다.

KCTC가 지역과 상생할 수 있는 다양한 방법 중 하나는 전투훈련에 영향이 없는 기간에 전투훈련장을 개방해 산나물이나 송이 등을 채취할 수 있도록 하는 것이다. 통제가 가능하지 않은 상황이고, 이미 '잣 채취'와 관련해서는 제도권 내에서 정례적으로 시행 중에 있어 이를 사례로 추진한다면 무리가 없을 것이다. 이는 KCTC 전투훈련장뿐만 아니라, 환경이 유사한 여러 훈련장에 확대 적용하는 방안을 검토할 필요가 있다.

06

BCTP훈련과 교훈

BCTP훈련 역시 KCTC전투와 같은 관점에서 이해해야 한다. 훈련의 목적이 좋은 성적을 내는 데 있지 않고, 전장을 이해하고 전투를 경험함으로써 전장에서 요구되는 능력과 부대의 취약점을 도출해 전투력 발휘능력을 극대화하는 데 있다는 것이다.

6-1

훈련모델의 제한과 극복

BCTP훈련은 마찰과 불확실의 실제와 거의 유사한 전장에서 전투를 경험할 수 있는 실기동모의훈련(Live Simulation)인 KCTC전투와는 달리, 지휘관 및 참모의 전투지휘능력 향상을 위해 컴퓨터를 활용한 창조21모델,[1] 화랑21모델,[2] 작전지속지원모델[3] 등으로 실시하는 워게임모의훈련(Constructive Simulation)이다. 이러한 모델은 체계 특성상 전장의 마찰과 불확실을 구현하기에는 제한적이다. BCTP훈련의 성과를 달성하기 위해서는 이러한 특성을 이해하고, 마찰과 불확실의 전장을 최대한 반영하도록 훈련을 통제하는 조직이나 훈련부대가 동시에 노력해야 한다.

BCTP체계의 제한을 올바로 이해하지 못하고 워게임모델에서 구현되는 전장환경이나 조성되는 상황에만 의존한다면 자칫 탁상전쟁의 한계를 넘지 못한다.

1) 창조21모델은 대표적인 한국형 지상전모델로 군단 및 상비사단을 대상으로 하는 훈련모델로서 화랑21모델, 작전지속지원모델 등과 연동한 훈련이 가능하다.
2) 화랑21모델은 후방지역작전모델로 주로 지역방위사단을 대상으로 하는 훈련모델이다.
3) 작전지속지원모델은 창조21모델, 화랑21모델 등과 연동해 운용한다.

6-2

공통 현상과 교훈

BCTP훈련 간 대부분의 부대에서 공통으로 나타나는 현상과 교훈은 앞서 언급한 내용의 범주 내에 있지만, 핵심사항을 간추려 제시하면 다음과 같다. 상황조치와 관련해서는 대응방법이 다양하고 해당 지휘관의 영역으로 제외한다.

하나, 전장의 핵심적인 특징인 마찰과 불확실성에 대한 충분한 이해가 필요하다. 과학화훈련체계로 전장을 그대로 구현할 수 없는 제한을 극복하기 위해 MSEL[4]을 활용하기도 하지만, 무엇보다 훈련부대 스스로 실제 전장을 염두에 두고 전투를 해야 한다.

둘, 대부분의 상황이 예측됨에도 절차를 미리 정립해 준비하지 않고, 매번 처음 직면하는 것처럼 해 실시간 계획하고 준비하고 협조하는 등으로 민첩성과 완전성을 달성치 못하는 과오를 범한다. 예측된 상황에 대한 방법과 절차를 미리 정립해 전술예규 등에 반영하고, 실시간 부분적인 수정을 통해 적용할 수 있어야 한다. 특히, 다양한 부대의 협조, 복잡하고 변수의 영향을 많이 받는 공중

4) MSEL(Master Scenario Events List)은 훈련모델에서 묘사할 수 없는 전장상황을 메시지를 활용해 조성하는 훈련통제기법이다.

강습작전, 초월작전, 도하작전, 연결작전 등은 더욱 치밀하고 세밀한 계획과 결심을 필요로 한다.

셋, 전투 개시와 동시에 유효할 개연성이 없는 가정에 기초한 기본계획에 과도한 시간과 노력을 집중하고, 다양한 우발사태를 상정해 여러 개의 보조계획을 수립하는 데 소홀해서는 안 된다. 계획은 깊이보다 폭이 중요하다는 인식과 실천이 필요하다.

넷, 당황하고 경악할 만한 상황에 직면했다면, 그 자체로도 훈련 성과를 기대할 만하다. 당황하고 경악할 만한 상황은 매번 동일한 상황의 반복 훈련, 실전적이지 않은 훈련으로 경험하지 못한 것일 뿐, 지극히 당연한 전장의 속성이다. 이러한 상황을 발생할 수 없는 상황으로 인식하거나 회피한다면 실전적 훈련의 기회는 사라진다. 가능한 당황하고 경악할 만한 상황, 새로운 상황에 많이 직면해 대응방법을 발전시켜 전장 적응력을 길러야 한다.

다섯, 상황이 바뀌어도 매번 정형화된 형식으로 전투를 치르려고 해서는 안 된다. 상황에 따른 계획변경에 인색하고, 과거 성공했든 실패했든 상관없이 늘 하던 대로를 반복적으로 수행한다면 실패한다. 상황에 따른 창의적인 계획과 전투수행방법을 유연하게 변경 적용할 수 있어야 한다.

사고의 경직성은 전투 간 회의에서도 여실히 나타난다. 상황평가회의, 전투협조회의 등 회의 순서 마지막에는 '지휘관 작전지침'이 어김없이 기다린다. "다음은 군단장님의 작전지침입니다"라는 참모의 말에 군단장은 "앞서 지침을 다 주었는데 또 작전지침을 주어야 하나?"라고 반문한다. 이는 '늘 하던 대로'의 틀을 벗어나지 못한 경직된 사례로 부대운영 전반에서 이러한 부분은 없는지 세밀히 살펴보고 개선해야 한다.

여섯, 공격작전과 방어작전은 전투가 개시되는 시점의 작전유형일 뿐, 수시로 교차하고 동시에 수행된다는 것을 인식하고, 공격(방어)작전과 방어(공격)작전을 동시에 준비해야 한다.

일곱, 전장에서 발생한 또는 예측된 모든 상황, 즉 식별된 개별 상황은 물론 예측된 상황을 시간과 공간을 망라해 가시화하고, 전체적인 상황을 이해하고 연관성을 종합적으로 평가해야 한다. 이는 정확한 상황평가를 가능하게 하고 건전한 결심, 효과적인 대응을 할 수 있게 한다. 잘못된 상황평가는 실패를 전제로 싸우게 한다.

여덟, 상황을 과소, 유리하게 평가해서는 안 된다. 무질서, 마찰과 불확실의 전장에서 각종 수단에 의해 보고된 첩보가 정확할 개연성은 거의 없다. 이는 종합적이고 냉정하고, 객관적인 평가를 필요로 한다. 계획과 대응할 수 있느냐를 기준으로 상황을 왜곡 평가해서는 안 된다.

아홉, 현상 보고 및 개념에 의한 전투가 아니라 분석적인 보고, 행동화에 주안을 둔 전투여야 한다. 예컨대, "적의 침투부대를 격멸하겠다", "무력화하겠다", "복구하겠다"라고 하거나 "공격기세를 유지하겠다", "전투력을 보존하겠다", "여건을 조성하겠다", "강화하겠다", "노력하겠다" 등은 "어떤 방법으로 하겠다"를 분명히 하고, 제한사항을 식별해 해결하는 것에 주안을 두고 전투에 임해야 한다. 그렇지 않으면 탁상전쟁(훈련)을 하고 있는 것이다.

열, 예하부대에 임무를 부여할 때는 여건조성계획을 구체적이고 명확하게 제시하는 등 상급부대의 역할에 충실해야 한다. 또한 임무를 부여한 후에는 상급부대 역할을 하는 데 집중하고, 지나치게 간섭해서는 안 된다.

열하나, TOD 등 지상감시자산을 유효성 검증 없이 공중감시에 전용하거나, 민간자산, 특히 보안이나 피아식별에 취약한 민간의 드론을 활용하는 것에는 문제의식이 필요하다. 야전부대에서 제한적일 수밖에 없다고 해도 최소한의 유효성 검증이 필요하다. 적의 무인기 침투가 명확한 상황에서 장기적으로는 관련 제대 및 기관에서 무기체계 개발이 필요하지만, 단기적으로는 장비 전용에 대한 전투실험 등을 통해 유효성을 검증할 필요가 있다.

열둘, 노력의 집중을 위해 작전지침, CCIR은 지휘관이 직접 작성해 제시하고, 결심조건표, 과업, 위협우선순위, 핵심표적 등 연관된 수단의 방향을 일치시켜야 한다. 그렇지 않으면 기능 실이나 예하부대는 어디에 장단을 맞추어야 할지 혼란스럽고, 노력이 분산될 수밖에 없다.

열셋, 각종 지시와 명령이 전투현장에서 얼마나 구현되고 있는지 지속적으로 확인하고 조정해야 한다. 확인과 조정과정이 없는 지시와 명령은 잘못된 전투력 운용과 예하부대의 혼란, 부대의 사기저하 등을 유발해 전반적인 작전의 균형을 와해시킨다.

열넷, 주요 국면과 주요 상황에 집중하는 것은 당연하다. 그러나 현재는 영향이 미미하더라도 대응하지 않으면 전체 작전에 영향을 미칠 수 있는 상황을 판단하고, 대응하는 것에도 관심을 가져야 한다. 자칫 특정 상황에 집중하다보면 다른 한쪽에 소홀하기 쉽다. 현재는 위협이 적다고 해도 방치한 경우, 위협이 급속도로 확대되는 상황을 가려낼 수 있어야 하고, 가능한 빠르게 대응함으로써 적의 협조된 대응기회를 갖지 못하게 해야 한다. 초기 대응은 비교적 적은 전투력으로도 가능하다.

열다섯, 전투수행의 핵심수단인 ATCIS의 신뢰성을 확보하고, 활용도를 높여야 한다. 무질서, 마찰과 불확실의 전장에서 당면한 조치도 어려운 상황에서 ATCIS의 현황을 최신화하는 것은 어려운 문제다. 그러나 ATCIS 현황의 중요성으로 볼 때 반드시 해결해야 할 문제다.

ATCIS 외에도 제대와 부대성격에 따라 운용하는 KJCCS,[5] JFOS-K,[6] MIMS,[7] SAWS(위성전군방공정보체계), IDISS(민군통합방위정보공유체계), 자원관리체계 등 각종 정보관리수단 또한 운용자를 지정하고, 실시간 활용해야 한다.

열여섯, 핵심과 본질에 충실해야 한다. 긴박한 상황에서 모든 역량을 집중해 전념해도 모자랄 전투 중에 긴장감 없이 간부교육, 일반적인 보고를 하고 있다거나, 결심과 대응 등 상황해결보다는 상급부대 보고를 목적으로 한 회의, 단순히 상황을 이해하기 위한 회의가 되어서는 안 된다. 또한 회의 참석자는 핵심이 없는 장황한 말로 시간을 낭비해서는 안 된다. 의사소통은 불필요한 미사여구 없이 전투명령어와 같은 짧고 간결한 문장으로 해야 한다. 모든 회의는 회의목적, 시간, 참석대상, 최종상태를 분명히 하고 모두가

5) KJCCS(Korea Joint Command & Control System, 합동지휘통제체계)는 군단급 이상부대에서 운용하며 육군, 해군, 공군에 전장상황을 제공한다.

6) JFOS-K(Joint Fire Operating System-Korea, 전구합동화력운용체계)는 군단까지 운용하며 ATCIS와 표적정보, 공역통제명령, 표적처리결과 등을 제공한다.

7) MIMS(Military Intelligence Management System, 군사정보통합처리체계)는 정보를 유통하는 정보전용체계로 합참과 각 군 및 정보부대의 정보자산으로부터 수집된 정보를 처리, 생산, 전파하는 수단이다.

인지한 상태에서 효율적으로 운용해야 한다.

열일곱, 임무수행의 제한사항을 충분히 식별하고 해결해야 한다. 마찰과 불확실의 전장에서 크고 작은 제한이 있기 마련인데, 대부분의 경우 "제한사항이 없다"라고 한다. 이는 탁상전쟁(훈련)의 한계를 극복하지 못한 현실을 그대로 보여주는 것이다. 전장에서 제한이 없다고 하는 것에 동의할 사람은 없다. 전투에 미치는 영향의 정도가 다를 뿐이다. 임무수행의 제한사항을 지속적으로 식별하고, 자체 또는 상급부대의 해소과정은 지속적으로 이뤄져야 한다.

열여덟, "전투지휘훈련이 지휘관 및 참모의 전투수행능력을 향상하는 데 목적이 있으니, 마찰이나 불확실요소는 훈련을 방해한다"라는 이유로 배제해서는 안 된다. 예컨대, 실제 전투가 아닌 훈련을 위한 전투참모단 편성, 피로해서는 지휘관 및 참모활동이 제한된다고 해 특정시간에 전투참모단을 동시에 교대하거나 복잡성, 불편함 등을 배제하는 훈련방식은 검토되어야 한다. 실제 싸워야 할 전투참모단 편성과 피로, 복잡성, 불편함 속에서의 지휘관 및 참모활동은 전장실상을 반영한 실전적 훈련이다. 마찰과 불확실요소를 식별해 극복하고, 이에 적응하는 지휘관 및 참모활동이야말로 훈련의 주된 목적이라 할 수 있다. 마찰과 불확실이 없는 탁상훈련은 전장에서 유효할 개연성이 없다. 제한된 훈련시간에 성과를 높이기 위해서는 마찰과 불확실요소를 일정부분 배제할 수밖에 없다는 것도 이해는 된다. 다만, 전투의 영향을 고려해 무엇을 어느 수준까지 배제할 것인가를 판단하고 적용하는 것은 BCTP훈련의 성과를 높이는 중요한 문제다.

열아홉, 평가, 통제, 모의논리에 관심두지 말고 발생한 상황에 충실해야 한다. 평가, 통제, 모의논리에 집착하고 관심을 둔다면 전투지휘훈련의 본질에서 벗어나 훈련목적을 달성할 수 없다. 전투상황에 대한 해답은 많은 변수에 의해 다양할 수 있음에도 평가관의 입장에서 정답을 찾으려고 하고, 답을 다는 데 집중한다면 능력을 발휘할 수 없고, 수동적인 전투를 하게 된다.

통제와 모의는 전투지휘훈련의 보조수단으로 불가피하다. 상황에 충실하지 않고 통제와 모의에 관심을 둔다면 이 또한 전투지휘훈련의 본질에서 벗어난 것이다. 통제와 모의는 훈련부대가 관심둘 사항이 아니다. 훈련부대는 나타난 현상 자체에 충실하면 된다.

스물, 외부의 전문 사후검토관이 주관하는 기능 및 종합 사후검토 후에는 자체 사후검토를 통해 전투수행의 전 과정을 세밀하게 돌아보고 취약점을 도출해 보완해야 한다. 자체 사후검토는 전체 작전, 주요 국면, 주요 상황별로 전투결과의 유효성 여부를 판단하고 핵심요소에 기초해 분석하고 발전방안을 도출해야 한다. 즉, 작전계획과 전술예규 등에 반영한 상황과 방법 및 절차, 상황에 따른 즉각적인 변경 및 유연한 대응, 예상치 못한 변수와 이에 대한 대응방식, 제대별 역할, 지휘관(자)의 의사결정과정과 명령 전달 및 이행체계, 지속지원의 적시성과 적절성 등을 세밀히 따져봐야 한다. 만약, 전투결과를 기초로 핵심요소에 의해 분석하지 않고 주요 국면과 상황별로 "잘했다, 잘못했다, 적절하다, 적절치 않다"를 기준으로 한다면 올바른 사후검토가 될 수 없다. 전투결과만이 작전수행과정의 타당성을 가늠하는 기준이 되기 때문이다. 사후검토에서 당시의 대응이 유효했다고 해도 어디까지나 당시 상황에서 유효한 것일 뿐, 똑같은 상황이 전개되지 않음을 이해하고, 유연성과 적응성이 요구됨을 인식해야 한다.

스물하나, 교범에서 정의한 군사용어를 그대로 사용해야 한다. 또한 문장은 주어와 동사, 목적어가 분명해야 한다. 그렇지 않으면 혼란이 야기된다. 새로운 용어를 만들어 사용하거나 과도하게 용어를 단축해 소통을 저해해서도 안 된다.

마무리하며

마무리 전에 몇 가지 당부한다. 첫 번째, 당신이 '전투전문가'라면 평시 이겨놓고 싸우는 방법, 이길 수 있는 정신은 무엇인가에 기초해 모든 역량, 즉 칼을 갈고 효율적으로 사용하는 데 집중해야 한다. 두 번째, 마찰과 불확실이 존재하지 않는 실전적이지 않은 훈련은 할수록 손해임을 인식하고, 훈련이란 명목으로 부하를 혹사하고 강제 노역자로 만들지 않도록 실전적인 훈련방법을 강구하고 훈련해야 한다. 세 번째, 일반적인 원리·원칙을 아는 것(이론적 전술지식)도 중요하지만, 원리·원칙을 상황에 따라 응용하고 행동할 수 있는 능력(경험적 전술지식)을 갖춰야 한다. 네 번째, 전장의 요구를 충족하는 능력을 구비하기 위해서는 평가지표와 평가항목을 최적화하고, 냉정한 평가를 통해 부족한 부분을 식별해 보완해야 한다. 제대로 된 훈련인지를 모르면서 열심히 하는 것은 무모하다.

이제 여러분은 진정한 전투전문가로서 처음의 두 가지 질문, 즉 "나는 전투전문가인가?"와 "나는 칼집치장에 관심을 두지 않고, 칼을 가는 데 집중하고 있는가?"에 명쾌하게 "예"라고 답할 수 있기를 바란다. 나아가, 국민이 믿고 생각한 대로 "우리는 전쟁을 억제할 만큼 강한 군대인가?", "우리는 적을 압도적으로 이길 수 있는가?", "나는 지휘관(자)인가?"에 대해서도 "예"라고 답할 수 있기를 기대한다.

필독에 감사드린다. 이 책이 전장실상, 전투준비와 전투행동, 교육훈련, 리더십에 대한 새로운 인사이트를 제공하고, 역할을 재조명하는 데 일조할 수 있기를 기대한다.

'전투전문가의 핵심역량'『칼을 가는 데 집중하라』는 학교교육이나 부대훈련에서 습득한 이론적 전술지식을 전투현장에서 유효하게 발현하는 데 주안을 두고 있다. 이를 위해 무엇을 어떻게 해야 하는지를 핵심내용으로 구성해 행동화하도록 경험적 전술지식을 체득하는 기회를 제공한다.

이 책은 전투전문가에게 필요한 경험과 지혜를 공유하고, 예비군인, 예비역, 전투에 관심 있는 일반인에게까지 폭넓은 독자층에게 유용할 것이다.

모든 군인이 전투적 사고와 전투행동 역량을 갖추고, 전장을 지배하는 전투전문가가 되기를 기대한다.

예비역 육군소장 황병태

예비역 육군준장 김 섭

예비역 육군준장 김영섭

예비역 육군준장 류우식

예비역 육군준장 문석호

예비역 육군준장 민인기

예비역 육군준장 연경흠

예비역 육군준장 이문석

전투전문가의 핵심역량

칼을 가는 데 집중하라

펴낸날 제1판 제1쇄 2024년 9월 13일
지은이 문원식 · 문수빈
펴낸이 임춘환
펴낸곳 도서출판 **대영문화사**
주소 (본사) 사무실: 경기도 고양시 일산서구 주화로 70
우신프라자 307호 (우) 10387)
(본사) 물류센터: 경기도 고양시 일산서구 덕산로
107번길 68-50 (우) 10205)
등록 1975년 12월 26일 제3-16호
전화 (031) 913-3062, (031) 914-3884~5
팩스 (031) 913-3839
홈페이지 http://www.dymbook.co.kr

ISBN 978-89-7644-955-9
값 18,000원